DIE KUNST DER ZAHLEN

Die Übersetzung von Zahlen in Bilder und Heilige Symbole

Jain 108

Die Kunst der Zahlen
Von Jain 108

Die Übersetzung von Zahlen in Bilder und Heilige Symbole

2012

Deutsche Übersetzung 2018

Selbst-Publikation durch:
Jain F.R.E.E.D.O.M.S. (Non-Profit Organismus)

Kontakt: jain@jainmathemagics.com
Webseite: www.jainmathemagics.com
www.jain108.com

ISBN:
978-1-925732-94-8

DIE KUNST DER ZAHLEN

Von

JAIN 108

WIDMUNG:

„... an das Streben und das Erlangen der Einen bedingungslosen Liebe, die weit über den Erwerb von Wissen hinausgeht..."
Jain 108

Jains Kunst aus dem Jahr 2012 – „Angelic Lovers"

Inhaltsverzeichnis / in Kürze

Inhalt in voller Länge

SEITE NAME DES KAPITELS

VORWORT

Einführung in das Errechnen von Quersummen & die Offenbarung der 108-Codes

Die Fähigkeit eine Kompression zu überleben, liegt in unserer Natur. Wenn wir eine Sonnenblume betrachten, sehen wir ein gegenläufiges Feld, welches 21 Spiralen im Uhrzeigersinn und 34 Spiralen gegen den Uhrzeigersinn aufzeigt. Sprich 21:34. Die Samen der Sonnenblume fallen nicht aus ihrem Arrangement, aufgrund ihres intelligenten, anspruchsvollen und kompakten Aufbaus. Die Natur verabscheut Mittelpunkte und Gleichberechtigung, wir werden niemals eine Sonnenblume sehen mit einem gleichseitigem Aufbau von z.B.: 21:21.
Tatsache ist, dass die Natur einen Bruchteil von mehr als der Hälfte (1/2) oder den Punkt 5 (.5) des Ganzen (1) bevorzugt. Dies wird auch als Phi Ratio bezeichnet oder .618:1.
In der Anatomie des Menschen, ist dies der Ort an dem sich der Ellbogen beugt. Der Ellbogen beugt sich nicht am Punkt .5 oder am Mittelpunkt, sondern genau an dem Punkt, an dem der Bruch etwas höher ist und zwar .618... (oder ungefähr 34 geteilt durch 21), sein Ausgangspunkt ist in der Mathematik des Vortex oder der lebendigen Kurvatur der Sonnenblume sowie des Kieferzapfens, eingebettet.

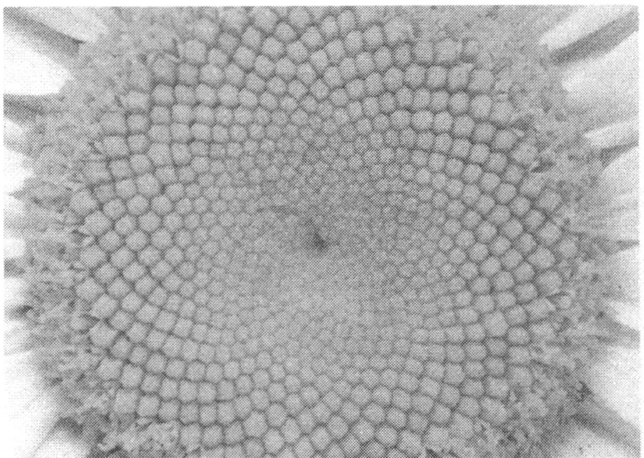

Abb. 1
(1.Dimension)
Sonnenblume und das Gesicht von Daisy, mit 21:34 beziehungsweise 34:55 Spiralen im und gegen den Uhrzeigersinn

Diese in der Natur häufig wiederholenden Zahlen, sind Teil der Fibonacci Reihe:

1, 1, 2, 3, 5, 8, 13, 21, 34, 55, 89, 144 etc.

Die Fibonacci Reihe, kann als eine Abfolge von Quadraten gesehen werden, die in ihrer Größe stets zunehmen. Wenn man einen Bogen durch sie zieht, entsteht eine wundervolle Spirale.

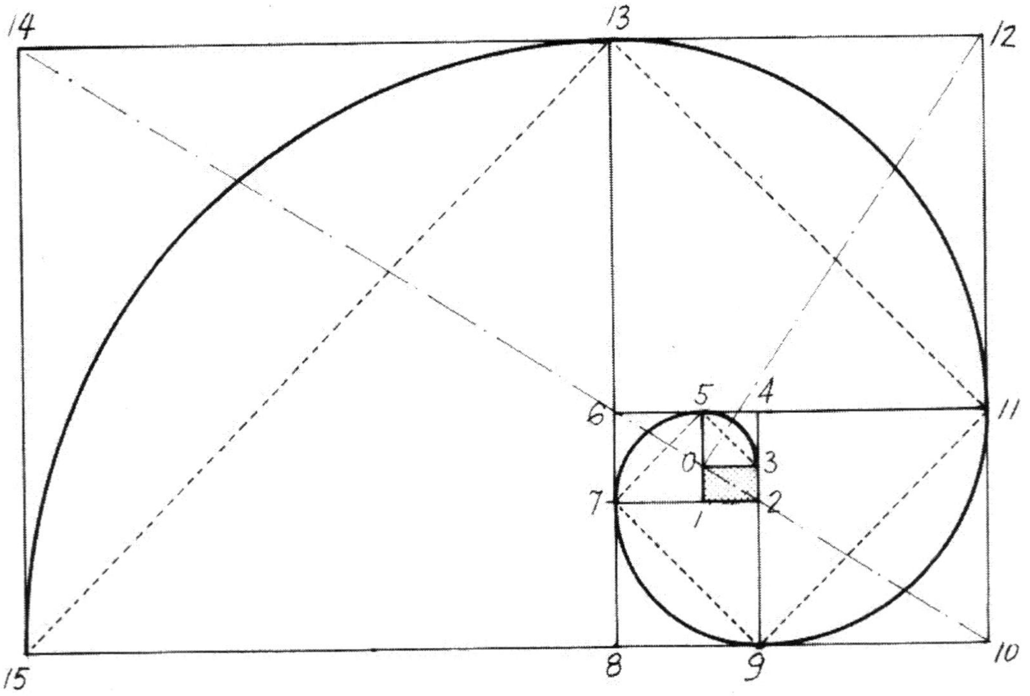

Logarithmic spiral, typical of shell growth. Successive stages of growth are marked by "whirling squares" and golden rectangles growing in harmonic progression from center **O** outward.

Logarithmische Spirale, typisch bei Muschel Wachstum zu beobachten. Die aufeinanderfolgenden Stadien des Wachstums sind durch die „Drehenden Quadrate" und die goldenen Rechtecke, die in harmonischer Abfolge vom Mittelpunkt „O" nach Außen wachsen erkennbar.

Abb. 2
(2.Dimension)

Wenn Zahlen in Kunst verwandelt werden, ist diese oftmals als Atomare Kunst oder wie in diesem Fall, als Die Lebende Mathematik in der Natur, erkennbar. Im 2-dimensionalen Goldenen Schnitt ist diese als Nautilus Muschel dargestellt.

Abb. 3
(3.Dimension)
Wenn die flachen Quadrate anschließend als Würfel gesehen werden und die Bögen im Raum stufenweise nach diesen Fibonacci Zahlen gezeichnet werden, entsteht als Ergebnis das 3-dimensionale Gegenstück, welches wir in Meeresmuscheln erkennen können oder wie in diesem Fall in den außergewöhnlichen Kurven des Bighorn Schafes oder ganz allgemein genannt – das Horn von Ram.

Wenn ein Schüler die symbolische Bedeutung der 1. Dimension der Fibonacci Reihe versteht, die aus ihren Quadraten und Bögen die 2-dimensionale Nautilus Spirale formt, sind sie im Stande zu sehen wie aus den Quadraten Würfel werden, und die Bögen in diesen Würfeln generieren die Spirale des Horns von Ram. Aber eine Frage bleibt:
Was ist das 4-dimensionale Gegenstück zu dieser Treppe gen Himmel?
Die 4-dimensionale Ansicht des Goldenen Schnitts ist eine biologische Form, die wir in unserer 512. Zellteilungsstufe als Zygote waren und welche auch Torus (dies ist Latein und bedeutet „Ring“) genannt wird.

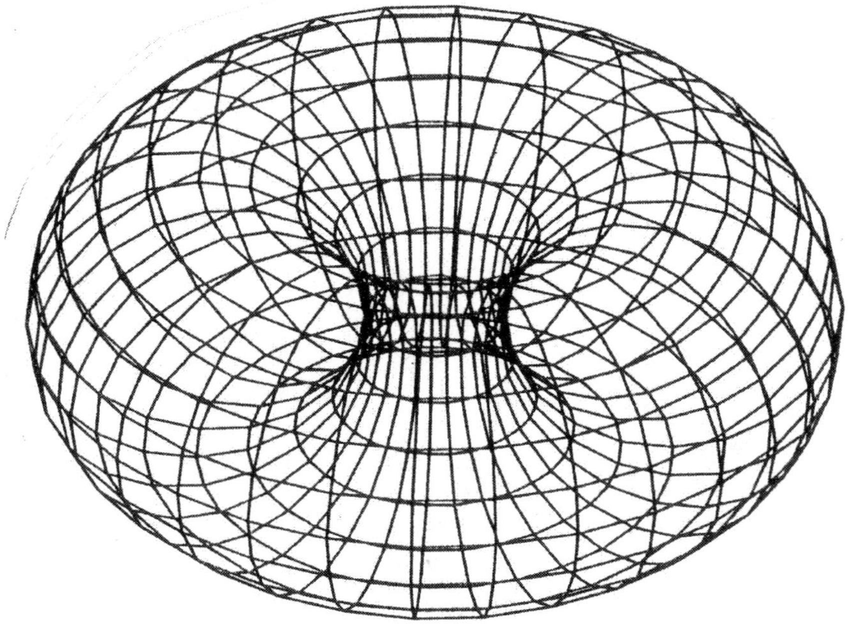

Abb. 4
(4.Dimension)
Der Übergang zwischen der 3. und der 4. Dimension, ist die Gestaltung eines unendlichen Feldes aus 2-dimelsionalen Spiralen des Goldenen Schnitts, die einen Torus bilden, die Form, die der ganzen Schöpfung zugrunde liegt. Von den Atomen bis zu den Sternen.

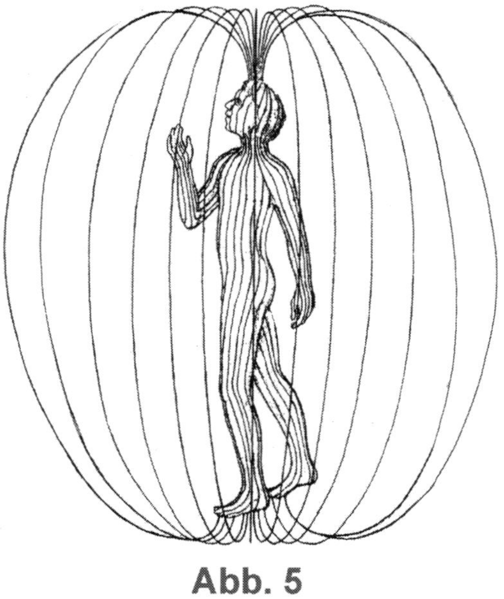

Abb. 5
(5.Dimension)
Letztendlich geht es in der heiligen Geometrie nicht darum, dieses Wissen zu haben, sondern vielmehr darum, diese Weisheiten in unsere Herzen einzubetten, Eins damit zu werden und es zu leben.

Dieses Kapitel über das göttliche Maß wird im Detail noch genauer besprochen, lasst uns zuerst ein paar einfache Beispiele ansehen.

Die Absicht dieses Buches und aller nachfolgenden Bücher ist es, gewisse Zahlenreihen (männliche, linke Gehirnhälfte) zu übersetzen und sie in Formen oder Muster umzuwandeln (Mathematik der rechten Gehirnhälfte), so dass der Schüler dieses Wissen aus der Perspektive des – Lernens mit Ganzem Gehirn – wahrnehmen kann. In meinen anderen Büchern, habe ich dem ganzen einen neuen Namen gegeben und nenne es : **„ IN DER NÄCHSTEN DIMENSION“** oder **„JAIN´S 17. SUTRE“** eine schlaue und dringend benötigte Fortführung der 16 Sutren oder Gesetze, die in der vedischen Mathematik verankert sind (schnelles Kopfrechnen). In unserem täglichen Leben verwenden wir als Grundlage immer die Basis 10, um effektiv zu kalkulieren, Probleme aufzubauen oder zu lösen. Dies ist allerdings nicht die Einzige Grundlage von Zahlen, die wir verwenden können. Es gibt drei weitere wichtigere, die in diesem Buch zur Sprache kommen werden. Sie sind uns bekannt, unter anderem in der Computer-Welt als Basis 2 geläufig. Die Basen 9 und 12 gelten als Galaktische-Zahlen-Grundlage.

In unserer technischen Welt, besteht unsere Computer-Sprache aus den Zahlen „0 und 1“, die grundsätzlich die Zahl 2 als Grundlage haben, mit ihren „AN und AUS Schaltern“. Dies ist eine Form entstanden aus digitaler Kompression.
Einige Zahlen z.B. die 108 auf 10er Basis, verwendet aufgrund der Effizienz 3 Ziffern, um sich darzustellen, wobei die gleiche Zahl mit der 2 als Basis sieben Ziffern brauchen würde. Wir verwenden die Basis 10 (dies beinhaltet die Zahlen 0,1,2,3,4,5,6,7,8,9) da es im Vergleich zur auch sehr wichtigen, Basis 2 (in der wir nur zwei Zahlen verwenden können 0,1) viel effizienter ist.
Nachfolgend zeige ich ein Beispiel mit der Zahl „108“ auf Basis zehn, konvertiert auf Basis zwei, welche auf der wachsenden Kraft der Zwei beruht und als 1101100 dargestellt wird.

108							
2^7	2^6	2^5	2^4	2^3	2^2	2^1	2^0
128	64	32	16	8	4	2	1
	✓	✓		✓	✓		
	1	1	0	1	1	0	0

Abb. 6

Unsere Zahlen mit dem Basiswert 10 (Beispiel oben), verwenden 3 Stellen um sich auszudrücken, so wie z.B. die Zahl 108. Wenn diese Zahlen dann umgewandelt werden und als Grundlage der Basiswert 2 verwendet wird, entsteht eine 7-Stellige Zahl und sieht wie folgt aus: 1101100

Mathematisch wird es dann so ausgedrückt:
$108_{10} = 1101100_2$ Wobei die unten stehenden Zahlen den verwendeten Basiswert aufzeigen.

Man kann nun erkennen, dass größere Zahlen mit dem Grundwert 10, viel mehr Ziffern benötigen, um in einen 2er Wert umgewandelt zu werden. Nach Tausenden Jahren gefüllt von Irrtümern und unzähligen Versuchen, hat die Welt den Basiswert 10 für sich adaptiert, um eine ökonomischere Form der Kommunikation zu gewährleisten, wie er z.B. in der vedischen Mathematik benötigt wird (der schnellen mentalen Kalkulation). Trotzdem dürfen wir den Basiswert 9 und 12 nicht außeracht lassen, denn genau in diesen sind unzählige Geheimnisse verborgen. Im weiteren Verlauf dieses Buches werdet ihr sehen wie die Natur die Basiswerte 9 und 12 dazu verwendet, das Unsichtbare, galaktische Wissen in sich einzukapseln bzw. zu verstecken. Genau dieses Konzept der Umwandlung von Zahlen in sichtbare Formen, erlaubt uns das Unsichtbare sichtbar zu machen. Diese alchemistische Veränderung geschieht im Schmelztiegel unseres Gehirns. Wenn Du an Zahlen in ihrer abstrakten Form denkst, leben diese in deiner linken Hemisphäre, der deine Analysefähigkeit, Ratio, männliche Logik und dein Intellekt innewohnt. Versuche zu verstehen, dass das menschliche Gehirn auch mit Formen und Symbolen arbeitet, die in der rechten, femininen Hemisphäre zu Hause sind und auf unsere Intuition, Hologramme, Muster, Kreativität, Musik und auf vieles mehr Einfluss hat.

Wenn Dein Kind also die Punkte der Zahlen, die in diesem Buch dargestellt sind, verbindet, erhält es Zugang zu einem Wissen, welches in höheren Dimensionen angelegt ist und arbeitet aus einer ganz anderen Perspektive – dem Lernen mit dem Ganzen Gehirn – es ist als ob man die Kinder „einschaltet“ . Daher ist es wichtig unseren Kindern diese artistische Mathematik als Erstes nahe zu bringen, da diese Form ihr Gehirn kelchförmig öffnet und ihnen später den Zugang zu höherer Mathematik, wie Algebra und Infinitesimalrechnung, viel leichter macht. Unser veralteter Lehrplan, der von unseren gebildeten und wohlgesonnenen Mathematiklehrern Gebetsmühlenartig wiederholt wird, muss dringend eine frische Brise erhalten, zum Beispiel von der Kunst der Zahlen. So könnten wir eine Generation von Genies erschaffen.

Die Zahl 108 in unserem letzten Beispiel, wurde nicht zufällig gewählt. Sie ist die Lösung eines versteckten und höhst intelligenten Musters, welches sich durch die Fibonacci Reihe hindurch wiederholt.

In den letzten 2000 Jahren und auch heute, wurde uns gesagt, dass es kein Muster im göttlichen Maß gibt. Dies entspricht aber nicht der Wahrheit. Zusammenfassend kann man sagen, dass der Fibonacci Reihe, ein sich bis in die Unendlichkeit wiederholendes Muster innewohnt, ein wahrhaftiges Rad aus 24 Zahlen, ein Zeit Code, ein Sternentor, dass uns vielleicht Hinweise gibt über die uralte Kunst der Zeitkrümmung oder über die Physik von schwarzen Löchern, die erkannt werden können, wenn wir die Zahlen in Kunst umwandeln. Der fehlende Schritt zur Lösung befindet sich auf der Ebene der digitalen Kompression. Um das verborgene Muster zu erkennen, muss der Schüler in der Lage sein, die Quersummen größerer Zahlen zu berechnen und sie auf eine Zahl zwischen 1 und 9 zu reduzieren, welches wir im nächsten Absatz erklären werden.

Anstatt hier das Rad aus 24 Zahlen linear darzustellen, wählen wir ein Format aus 2 x 12:

1	**1**	**2**	**3**	**5**	**8**	**4**	**3**	**7**	**1**	**8**	**9**
8	**8**	**7**	**6**	**4**	**1**	**5**	**6**	**2**	**8**	**1**	**9**

Abb. 7

Der 108er Phi Code, eines von drei möglichen Sequenzen bzw. Ziffernblättern (wiederentdeckt von Jain 108 und anderen mathematischen Mönchen und numerischen Nomaden)

Der Phi Code 108, gezeigt in seinem 2 x 12 Format, soll zeigen wie die 12 vertikalen Kolumnen bzw. die 12 Paare jeweils immer die Zahl 9

ergeben. Im Grunde genommen ist die Summe aller 12 Paare der 9 Ziffern (12x9) = **108**.
Wie bereits früher in diesem Kapitel erwähnt, geben uns die Zahlenreihen basierend auf dem Grundwert 9 und 12 Röntgenaugen, um die Fabrik der Schöpfung zu begreifen, die heilige Architektur der Pyramiden in Ägypten und die von Stonehenge in England, die auf 12 Zoll der königlichen Elle basiert, dessen Vorlage beim Tempelbau die Basis von 12 x 12 = 144 Zoll pro Quadratfuß hatte.
144 ist eine Gesalbte Zahl, die Bezug nimmt auf die Harmonie des Lichtes.

Aus dieser wesentlichen Voraussetzung und Offenbarung, wird ein scharfsinniger Schüler fortgeschrittenes Freimaurerisches oder Theo-sophisches („Theo“=Griechisch für Gott) Wissen erlernen und versteht beispielsweise wie die heilige Zahl 108 **geometrisch** mit der Zahl 144 assoziiert ist, als ihre Unterschwingung. Dieser Hinweis basiert auf einem einfachen universellen Gesetz, welches besagt, dass 3x3 + 4x4 = 5x5 ergibt (der Lehrsatz des Pythagoras).

WAS IST DIGITALE KOMPRESSION?

Die digitale Kompression großer Zahlen ist die vereinfachte Darstellung vieler Stellen umgewandelt zu einer einzigen Stelle, bestehend aus den Zahlen 1 bis 9.

Es gibt noch weitere Namen für diese Methode der digitalen Kompression, diese sind:

- Numerische Reduktion
- Digitale Reduktion
- Reduzierte Zahlen
- Das Verwerfen der Neuner
- Destillation
- Quersummenberechnung

Eine Zweistellige Zahl wie die 13, kann auf eine Stelle reduziert werden, indem man entweder die Zahlen addiert 1 + 3 = 4 oder die Zahl 9 subtrahiert 13 – 9 = 4, dies ist die eigentliche Bedeutung von „ Das Verwerfen der Neuner“. Subtrahiere einfach stets die Zahl 9 von einer beliebigen Zahl, bis nur noch eine einstellige Zahl übrig bleibt.

Wir sagen in der Tat, das die Schwingung der Zahl 4 auch die Erinnerung der Zahl 13 in sich trägt, in der gleichen Weise wie die äußere Wertigkeit der Elektronen, die einen komplexen Atomkern umkreisen, für die Struktur eines spezifischen atomaren Elements stehen.

Für größere Zahlen wie z.B. 4096, würde dies zu lange dauern. Hier ist die Addition der einfachere Weg: **4096** = 4+0+9+6 = 19 und dann geht es weiter 19 = 1+9 = 10 und noch weiter 10 = 1+0 = 1. Aus diesem Grund ist die digitale Kompression der Zahl 4096 = 1.

Wenn eine hohe Zahl viele Neuner beinhaltet, können diese einfach weggestrichen werden. Z.B.: **49.999** = 4 indem man all die 9er einfach ignoriert.

Wenn eine hohe Zahl mehrere Zahlen enthält, die in ihrer Quersumme 9 ergeben, können diese auch einfach weggestrichen werden. Z.B.:
786.432 enthält 7 + 2 = 9 und 6 + 3 = 9 übrig bleibt 8 + 4 = 12 = 3

(notabene:
Wenn Elektrizität auf einem Quarz Kristall angewendet wird, entsteht eine spezifische Schwingung von 786.432 Zyklen pro Sekunde oder Hertz. Diese Quarz-elektro-stimulations-Frequenz wurde aus Jains riesigem Zahlenlexikon, welches „die harmonische Treppe“ genannt wird, ausgewählt. Eine Art Online-Lexikon, welches für mathematische und wissenschaftliche Forscher zur Verfügung gestellt wird. Daher ist diese Zahl 786.432 eine besondere Zahl, welche wir -die Gesalbte- nennen, da es keine Erfundene oder beliebig gewählte Ziffer ist, sie hat in der Tat sehr spezielle Eigenschaften. Das Ziel dieses umfassenden Handbuchs ist, dem Schüler eines Tages Zugang zu diesen Qualitäten zu ermöglichen und ihm somit die Chance zu geben, dieses Wissen auf die nächste Ebene zu bringen.)

Einige Mathematiker aus der Neuzeit halten diese Art der digitalen Kompression für Numerologie ohne jedwede Bedeutung. Es ist traurig, dass sie diese Begrenzung nicht aufheben können, um zu erkennen, dass diese Methode Türen oder Fenster öffnet, zu Höherem Bewusstsein von Zahlen und der Atomaren Kunst. In Wirklichkeit ist sie ein Schlüssel zu Galaktischem Wissen.

-Einführung in die 9 himmlischen Protokolle -

Die Kunst der Zahlen

Die Übersetzung von Zahl in Kunst

Jains Kosmometrie oder die 9 himmlischen Protokolle

Digitale Kompression der Multiplikationstabelle

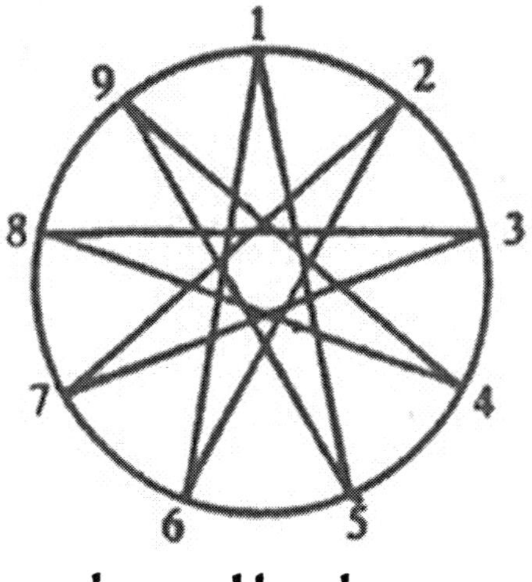

Die 3 unterschiedlichen Phi -Codes oder die 3 Ziffernblätter

Die 9 Codierungen der himmlischen Protokolle (CTC) von Jain 108

Nachfolgend erhältst Du eine Liste mit den wichtigsten visuellen/künstlerischen Codes, die aus reiner Mathematik entstanden sind. Die meisten dieser Auflistungen werden in diesem Buch abgedeckt.

- **CTC 1** – Das **Mosaikartig angelegte Magische Quadrat von 3 x 3 Diamant**.
  - **Das magische Quadrat sechs mal sechs**, welches die Zahl 666 ergibt, dessen Muster die **Swastika** formt, das ursprüngliche Sonnen-Symbol. Um in die nächste Galaxie zu gelangen, musst Du durch das „Auge der Sonne" hindurch. (Diese solare Swastika wurde dämonisiert, um Angst zu erschaffen, welche wiederum den Zugang zu inter-dimensionalem Reisen, versperrt). Wir sind Angstfrei.

- **CTC 2** – Die **Komprimierte Multiplikationstabelle**
  - die **komprimierte Multiplikationstabelle des 4er Einmal Eins** formt ein Oktagramm
  - **„Alle Einer"** formen die **atomaren Struktur des Rutile**
  - Die Überlagerung **„Aller Einer" & „Aller Achter"** formt die atomare Struktur des Platinum Kristalls.

- **CTC 3** – Der **Wahre Wert von Pi (3.144**..... bekannt als Jain´s Pi) basierend auf der **Quadratwurzel von Phi** (1.272....). Das Traditionelle Pi ist eine Lüge und unharmonisch.

- **CTC 4** – Die Kompression der binären Sequenz, welche das VW-Symbol entstehen lässt und den Schatten des Würfeloktaeders genannt „Kuboktaeder".
  Die geometrische Kombination des Binären Codes mit dem Phi Code, basiert auf konzentrischen Kreisen, um zu zeigen, dass es keine Trennung gibt und dass der Goldene Schnitt in allen Geometrien der Schöpfung, sowie der Harmonie des Lichtes innewohnt.

- **CTC 5** – **Das Primzahlenkreuz** entstanden aus dem **Rad der 24 und** die Entstehung des **4-dimensionalen Templer Kreuzes**
  - **Ulam´s Rose** gezeichnet aus der natürlich fortschreitenden Zahlenabfolge, die sich spiralförmig ausweitet

- **CTC 6** – nun bist Du ein Kandidat für **schnelles Kopfrechnen**, dies ermöglicht Dir eine stärkere Gedächtniskraft zu entwickeln sowie Dein mathematisches Selbstvertrauen

- **CTC 7** – Der unendliche Tanz zwischen dem **Isoka–Dodeka**, wie sie sich platzieren und vom Atom ins Universum reisen, das Prinzip von unendlicher Expansion und Kontraktion.
  - **Der Kuboktaeder** oder auch Jitterbug genannt, das reine Prinzip der **Formen-Veränderung**, wie dieser archimedische Festkörper die 5 Platonischen Festkörper erschafft.

- **CTC 8** – Die **Verwandlung der 1-Dimensionalen Fibonacci Sequenz** zur 2-Dimensionalen Phi Spirale, zur 3-Dimensionalen Phi Spirale des Horns von Ram und dem 4-Dimensionalen Selbst-Organisiertem Torus
- Die **Sprache des Lichts**, die Erschaffung der verschiedenen irdischen und himmlischen **Alphabete** basierend auf der 3-Dimensionalen Phi Spirale, die durch intelligente Neigungswinkel des Tetraeders, des Dodekaeders und des Torus aufgezeigt wird.

- **CTC 9 – Die Drei Phi-Codes oder „Jains 3 Ziffernblätter"**:

Das Mysterium des 108er Codes basiert in Wirklichkeit auf einer versteckten Trinität. Tatsächlich gibt es 3 Phi – Codes, jeder von Ihnen ergibt in seiner Summe 108. Alle 3 Codes basieren auf sich bis in die Unendlichkeit wiederholenden 24 digital komprimierten Zahlen.

- **Phi – Code 1: Die Kompression der Fibonacci Reihe**, um das sich unendlich wiederholende Muster der 24 zu formen, wessen Code auch **SHRI 108** genannt wird. (12 Paare der 9 = 108). Die lineare Sequenz wird wie folgt dargestellt (nachfolgend **PC1-(1,1,2)** genannt):

1, 1, 2, 3, 4, 8, 4, 3, 7, 1, 8, 9, 8, 8, 7, 6, 4, 1, 5, 6, 2, 8, 9

- **Phi – Code 2: - Die Kraft von Phi 108** es entsteht ein vollkommen anderes einzigartiges Muster: Die multidimensionale Jakobs Leiter auch bekannt als der Hermesstab. Ein Symbol der Mediziner. Wir nähern uns ihm durch die Lukas Sequenz:
  1 - 3 - 4 - 7 - 11 - 18 - 29 - 47 - 76 – 123
  Aber ausgedrückt als **(PC2-(1,3,4):**

1, 3, 4, 7, 2, 9, 2, 2, 4, 6, 1, 7, 8, 6, 5, 2, 7, 9, 7, 7, 5, 3, 8, 2

- **Phi Code 3:**

  Wird wie folgt ausgedrückt: **PC3-(1,4,5):**

1, 4, 5, 9, 5, 5, 1, 6, 7, 4, 2, 6, 8, 5, 4, 9, 4, 4, 8, 3, 2, 5, 7, 3

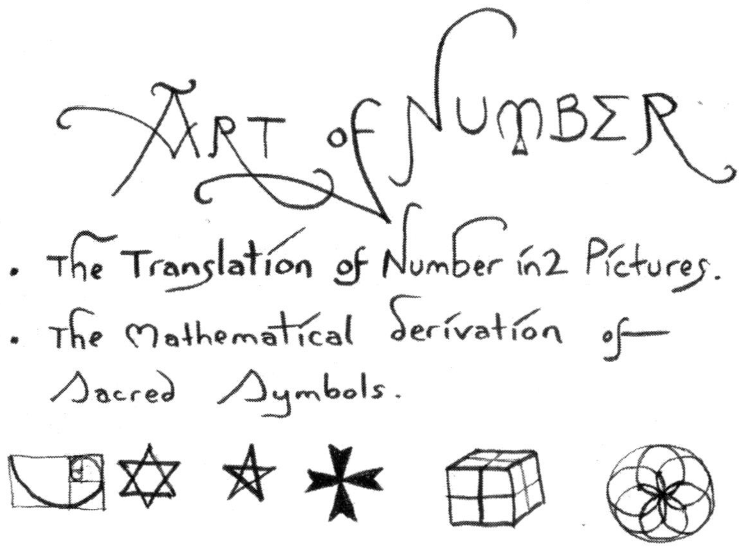

∞ 1.Kapitel ∞

Die binäre Doppelungs-Sequenz

Die Magie der Neun versteckt in der Doppelungs-Sequenz

Der MATHEMATISCHE und GEOMETRISCHE Ursprung des VW-Symbols

Kapitel Inhalt

- Erster Teil: Von der binären Sequenz zum Binären Code

- **Tabelle der Doppelungssequenz**
- **Der digital komprimierte binäre Code 1-2-4-8-7-5 eingezeichnet in einen 9-Punkte-Kreis**
- **Generation des VW-Symbols**
- **Die 24 radialen, dreieckigen Vektoren des Kuboktaeders und wie dieses Symbol mit dem Mysterium des Phi Codes verbunden ist, welcher auf der 24-heit beruht.**
- **Der Schatten des Kuboktaeders formt das VW-Symbol**

- Zweiter Teil: Vereinigung der zirkulierten Phi-Spirale und des binären Codes

- **Der Punkt der Ausstrahlung oder Emanation**
  Beiträge von Marko Rodin und Nassim Haramein
- **Nabokov´s zirkulierte Phi-Spirale**
- **Jain´s Art und Weise die Nabokov Spirale wiederzugeben**

- Erster Teil -
von der binären Sequenz zum binären Code

Hier findest Du eine Liste mit allen Kräften der Zwei bis zur „2 mit der Kraft der 17“ aka 2∧17 aka 2^{17}.

**Die „Kräfte der Zwei“ ist auch die Doppelungssequenz:
1, 2, 4, 8, 16, 32, 64, 128, 256, 512, 1.024, 2.048, 4.096, 8.192, 16.384, 32.768, 65.536, 131.072 etc.**

Dann observieren wir, ob sich Daten wiederholen bzw. rekursieren. Was sich bis in die Unendlichkeit wiederholt, gibt uns einen Anhaltspunkt darüber, wie wir die „Mathematik der Unendlichkeit“ begreifen können.

POWERS OF 2^N	DOUBLING SEQUENCE	ADDING ALL THE DIGITS	REDUCED SUM TO A SINGLE DIGIT
2^0	1		= 1
2^1	2		= 2
2^2	4		= 4
2^3	8		= 8
2^4	16	= 1+6	= 7
2^5	32	= 3+2	= 5
2^6	64	= 6+4	= 1
2^7	128	= 1+2+8	= 2
2^8	256	= 2+5+6	= 4
2^9	512	= 5+1+2	= 8
2^{10}	1.024	= 1+0+2+4	= 7
2^{11}	2.048	= 2+0+4+8	= 5
2^{12}	4.096	= 4+0+9+6	= 1
2^{13}	8.192	= 8+1+9+2	= 2
2^{14}	16.384	= 1+6+3+8+4	= 4
2^{15}	32.768	= 3+2+7+6+8	= 8
2^{16}	65.536	= 6+5+5+3+6	= 7
2^{17}	131,072	= 1+3+1+0+7+2	= 5

Abb. 1

Tabelle oder Liste der Doppelungssequenz bis 2^{17} und deren Summen digital komprimiert

Wir können hier 3 Fragen stellen:

a) - Notiere die Ziffern welche uns Rekursion bzw. Wiederholung anzeigen?
b) – Welche ist die Periodizität dieser Doppelungssequenz?
c) – Was passiert, wenn Du diese Sequenz, von 6 sich unendlich wiederholenden Zahlen teilst, und sie als zwei Reihen von jeweils 3 Zahlen darstellst?

Antworten:

a) – Wenn wir die Angaben unserer digitalen Kompression analysieren, entdecken wir in der äußersten Spalte (schattierte Spalte), eine sich offensichtlich wiederholende Zahlenreihe von 6 Quersummen:
1 2 4 8 7 5

b) – Im Grunde genommen können wir diesem Phänomen folgenden Namen geben: **Die Periodizität der 6**:

c) – Wenn diese Sequenz in zwei geteilt wird, erhalten wir zwei horizontale Linie mit jeweils 3 Ziffern:

1 2 4
8 7 5

Betrachte diese Zahlen genau, bis die augenblickliche Gabe der Muster-Erkennung, wie ein Blitz in dein Bewusstsein kommt.
Kannst DU erkennen, dass all die Zahlen addiert 9 ergeben?

1 + 8 = 9 2 + 7 = 9 4 + 5 = 9

1 2 4
8 7 5

---

9 9 9

Um Deine **Gedächtniskraft** und Dein **Selbstvertrauen** zu stärken, wäre es von Vorteil diese Doppelungssequenz zu üben und sie auswendig zu lernen. Wenigstens bis 2^{14}.

Ist Dir auch aufgefallen welche Zahlen fehlen? Es sind die Zahlen **3 – 6 – 9**, die ein gleichseitiges Dreieck im 9-Punkte Kreis formen.

Das Einfügen des sich UNENDLICH wiederholenden MUSTERS der DOPPELUNGSSEQUENZ in den 9 – PUNKTE – KREIS

Füge die Doppelungssequenz: 1 – 2 – 4 – 8 – 7 – 5 in den 9-Punkte–Kreis ein, indem du eine gerade, ununterbrochene Linie von der Zahl 1 zur 2 ziehst, anschließend von der 2 zur 4, dann von der 4 zur 8, 8 zur 7 und schließlich von der 7 zur 5. Um die Elektronen fließen zu lassen besteht eine gute Übung darin, die letzte Zahl 5 wieder mit der ersten Zahl 1 zu verbinden. Hierbei erinnern wir uns an das biblische Alpha und Omega.
Dem Anfang und dem Ende.

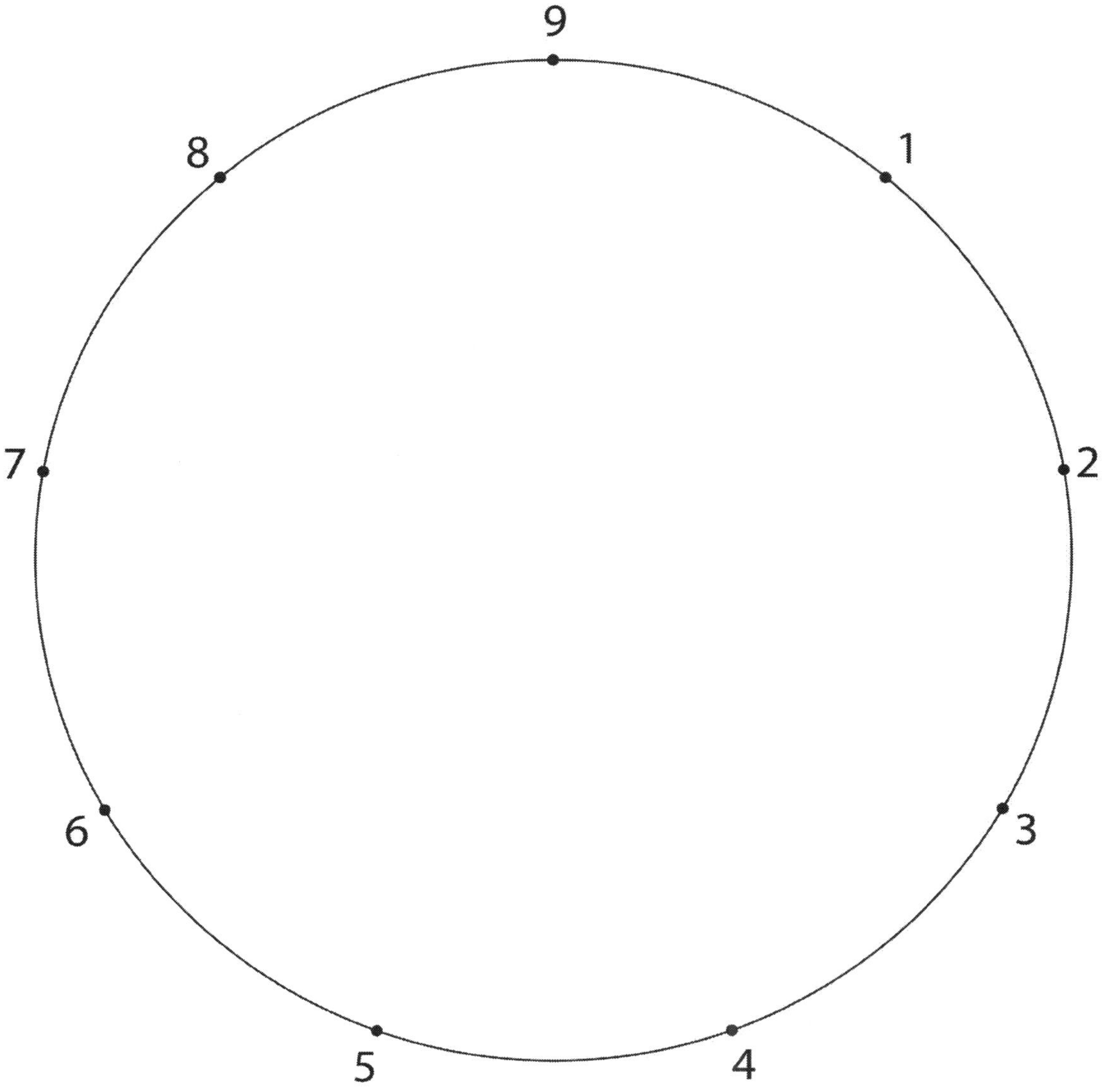

Abb. 2a
Der 9 – Punkte – Kreis

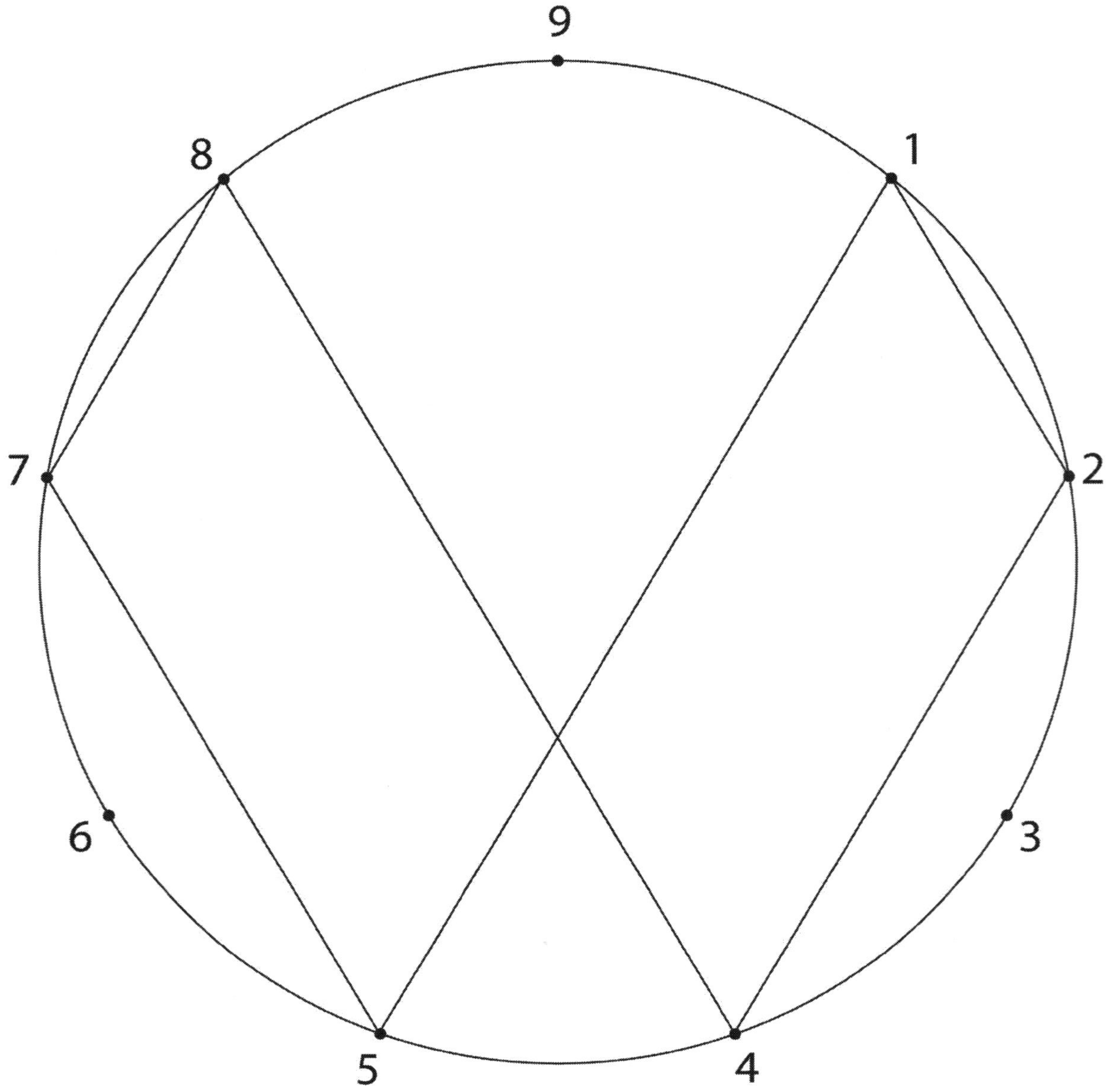

Abb. 3

Das digital komprimierte binäre Muster im 9 – Punkte – Kreis, welches das sich unendlich wiederholende Muster von 1 – 2 – 4 – 8 – 7 – 5 miteinander verbindet.

Bemerke, dass hier eine offensichtliche Spiegelungsachse oder Symmetrie der Reflexion der Doppelungssequenz sichtbar wird:

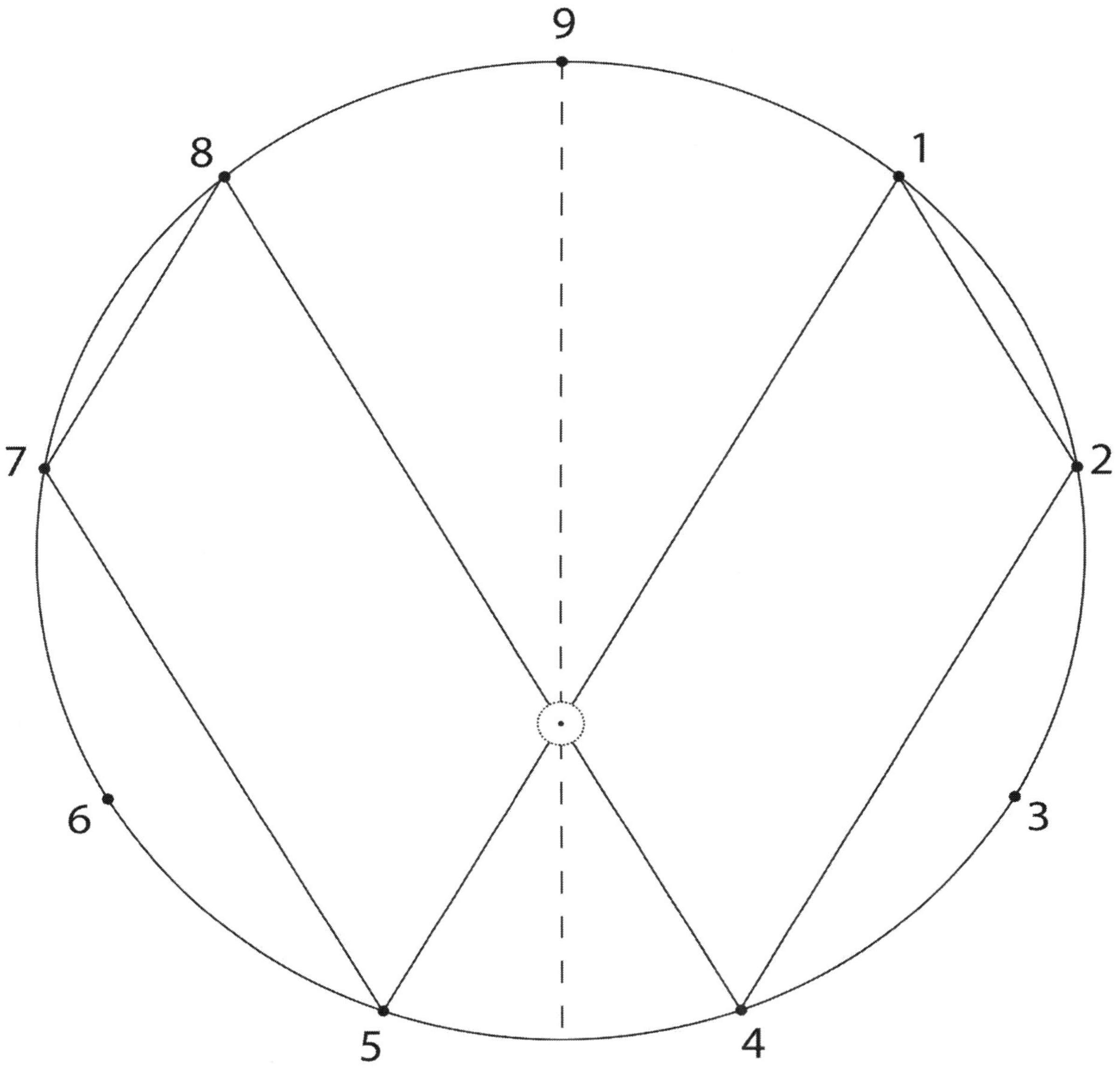

Abb. 4

Die Spiegelungsachse (gestrichelt dargestellt) im digital komprimierten binären Code, verläuft durch die Zahl 9 und dem Mittelpunkt der Zahlen 4 und 5. Beachte, dass hier das Zentrum der Schwerkraft, nicht der eigentliche Mittelpunkt des Kreises ist, sondern außerhalb dessen liegt, ein eindeutiger Verbindungspunkt in dem sich die zwei Hauptlinien kreuzen. Dieser ist auch bekannt als der Emanationspunkt. (dieser wurde vom Zahlen – Theoretiker Marko Rodin ins Leben gerufen.)

Wenn wir nun einen Buntstift oder Marker nehmen und einige der soeben gezeichneten Linien nachzeichnen, entsteht ein sehr bekanntes Werbesymbol. Genau dieses Thema führt uns zum **MATHEMATISCHEM URSPRUNG DER SYMBOLE** und den **WERBESYMBOLEN.**

Lasst uns einige Linien hervorheben:

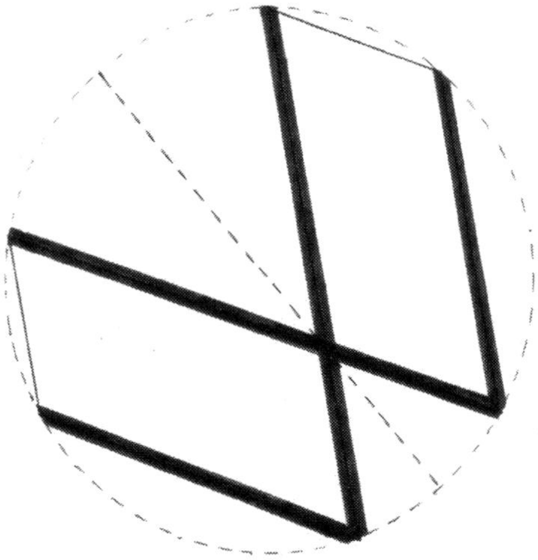

Abb. 5

Hervorhebung einiger Linien des digital komprimierten binären Codes, um ein bekanntes Symbol zu suggerieren.

Beachte, wo sich die Linie der Symmetrie befindet, die von der Zahl 9 zum Mittelpunkt der Zahlen 4 und 5 verläuft. Wenn Du dieses Diagramm in der Faltkunst Origami darstellen wollen würdest, würdest Du feststellen, dass die gestrichelte Linie die Achse der Symmetrie ist. Dies wird offensichtlich, wenn man beide Muster übereinander faltet und bemerkt, dass alle Linien übereinander liegen.
Symmetrie ist genau das, wonach der Muster-Jäger sich sehnt.

Abb. 6

Das VW Symbol, wie es das Massenbewusstsein durchtränkt hat

Das ganz bewusst entstandene Logo, aus der Doppelungssequenz, dargestellt in einem 9–Punkte–Kreis ist das **VW** Symbol. („ Der Volks-Wagen“ oder das Auto für die Menschen, gestaltet durch A. Hitler. Viele Führer dieser Welt verwenden heilige Symbole der höchsten Mathematischen Ordnung, um ihren Machtansprüchen gerecht zu werden und sich starker, universeller Kräfte zu bedienen.)

Wenn ich das Wort **„Code“** verwende, differenziere ich es vom Wort **„Sequenz“.**
Die „binäre Sequenz“ hat viele Zahlenstellen, wie z.B.:
1, 2, 4, 8, 16, 32, 64, 128, 256, 512, 1024,
wohingegen das Wort „Code“ erst nach dem Errechnen der Quersummen zustande kommt (digitale Kompression) und nur aus Zahlen zwischen 1 und 9 bestehen kann.
(Das gleiche Prinzip findet in der **Fibonacci Sequenz** 1-1-2-3-5-8-13-21-34 etc. seine Anwendung, aber der **Phi-Code** besteht aus 24 **einzelnen** Ziffern).

Abb. 6a
Das VW Symbol

WUSSTEST DU, dass der 2–dimensionale Grundriss von VW, den Schatten eines Hyper–dimensionalen archimedischen Festkörpers darstellt, genannt Kuboktaeder!

Kneife Deine Augen zusammen und betrachte diese 3-dimensionale Form des Kuboktaeders, als würdest Du durch die Form hindurchblicken. Überprüfe, ob Du den VW Grundriss erkennst, in seiner 2-dimensionalen Form:

Abb. 7

Der Kuboktaeder gemalt durch Leonardo da Vinci ist die multi-dimensionale Form des flachen VW Symbols.

Leonardo da Vincis Zeichnung des Kuboktaeders (Abb. 7) wird durch 12 Mittelpunkte, von 12 sich küssenden Kugeln, um eine zentrale Kugel herum gebildet, welche 6 Quadrate und 8 Dreiecke hervorbringen, wenn die Schnittpunkte miteinander verbunden werden.

Es ist die fraktalste Struktur des Universums , da die inneren Vektoren oder Radius Längen, die ihren Ursprung im Zentrum haben, genau die gleiche Größe besitzen, wie die Äußeren Längen, der Äußeren Ecken. Siehe Abb. 8.

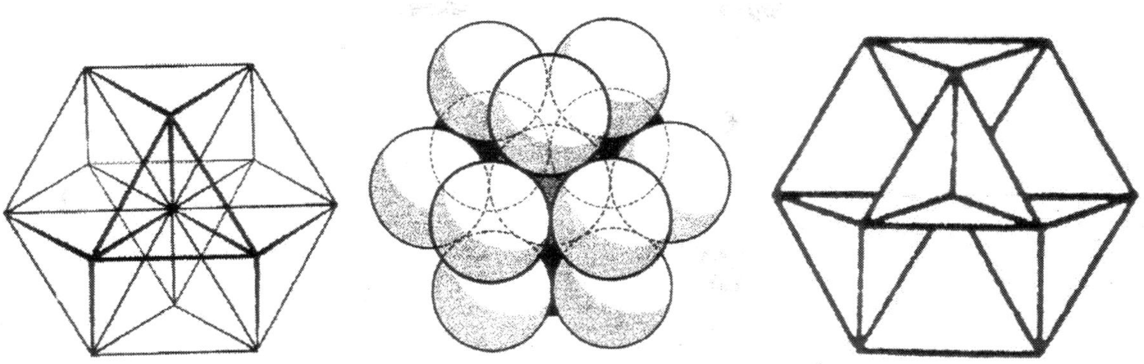

Abb. 8

Eine Verbindung mit dem Phi-Code der Natur mit seinen 24, sich wiederholenden Ziffern, hat das Innere des Kuboktaeders mit seinen 24 dreieckigen Vektoren.

Dies ist die ultimative Definition von Fraktalen, dem Gegenteil von fraktionieren, da dass Innere hier genau dem Äußeren entspricht.

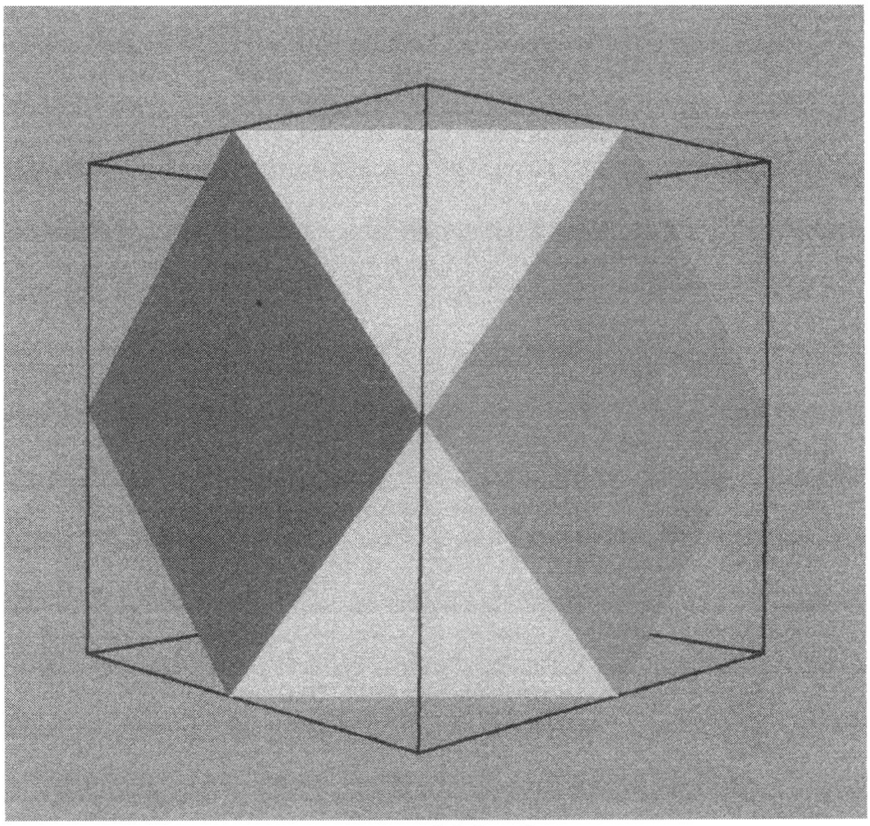

Abb. 9

Kannst Du hier das VW Symbol in deiner hexagonalen Ansicht erkennen? Oder vielleicht den Schatten des 3-dimensionalen Kuboktaeders?

- Zweiter Teil -

Vereinigung zwischen zirkulierten Phi-Spirale und dem binären Code

„Die Wichtigkeit der Kunst digitaler Kompression“

Als erstes drehe den 9–Punkte–Kreis um 40 ° nach rechts, so dass die 9 oben im Zenit steht dem nördlichstem Punkt. (So wie in Abb. 10 dargestellt)

Beobachte diesen Knoten-Punkt, den Zentralen Punkt, der Kreuzung, an der die Linien sich an der Faltachse kreuzen.

Ein anderer Name für diesen Punkt, auf den der Jäger Marko Rodin (www.markorodin.com Vortex basierte Mathematik) sich konzentriert, ist der „Emanationspunkt“ und er kreierte eine ganze Kosmologie zu diesem Thema.

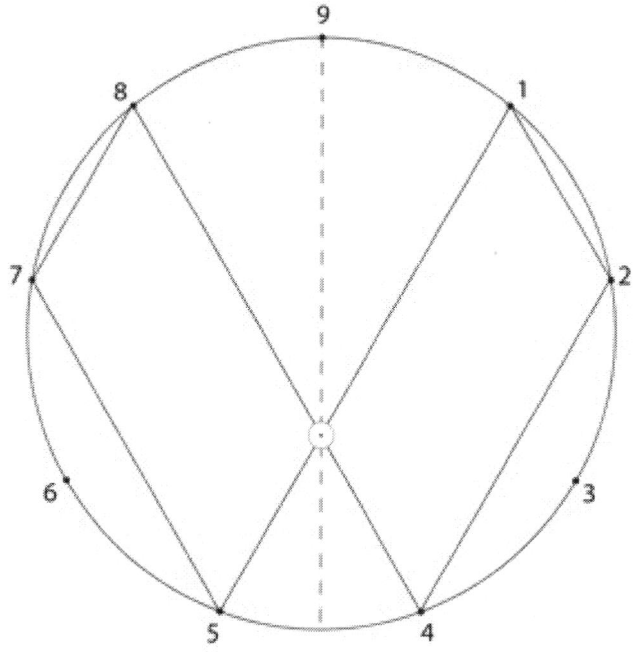

Abb. 10
Der Emanationspunkt des binären Codes im 9 – Punkte – Kreis, eine Kosmologie von Marko Rodin

Dies alles dient dazu Euch zu zeigen, dass es viele numerische Nomaden und mathematische Mönche wie mich gibt, die ein Leben damit verbracht haben, solche Symmetrien zu erforschen.

Rodins Kollege Nassim Haramein, Gründer des Resonanz Projekts (http://theresonanceproject.org/ ein herausragender Physiker, schrieb all die Einstein´schen Gleichungen um, nach den Bedingungen des Goldenen Schnitts 1:1618033 .... er sieht alles, vom Atom bis zu den Menschen und den Galaxien als Tori)entschied sich dazu, dieses Muster mit einer Spirale des Goldenen Schnitts (die bereits durch Nakabov gezeichnet wurde und seither auch bekannt ist als Nakabov´s Spirale) zu überlagern. Dabei bemerkte er, dass die beiden Mittelpunkte beider Diagramme sich fast exakt überschneiden.

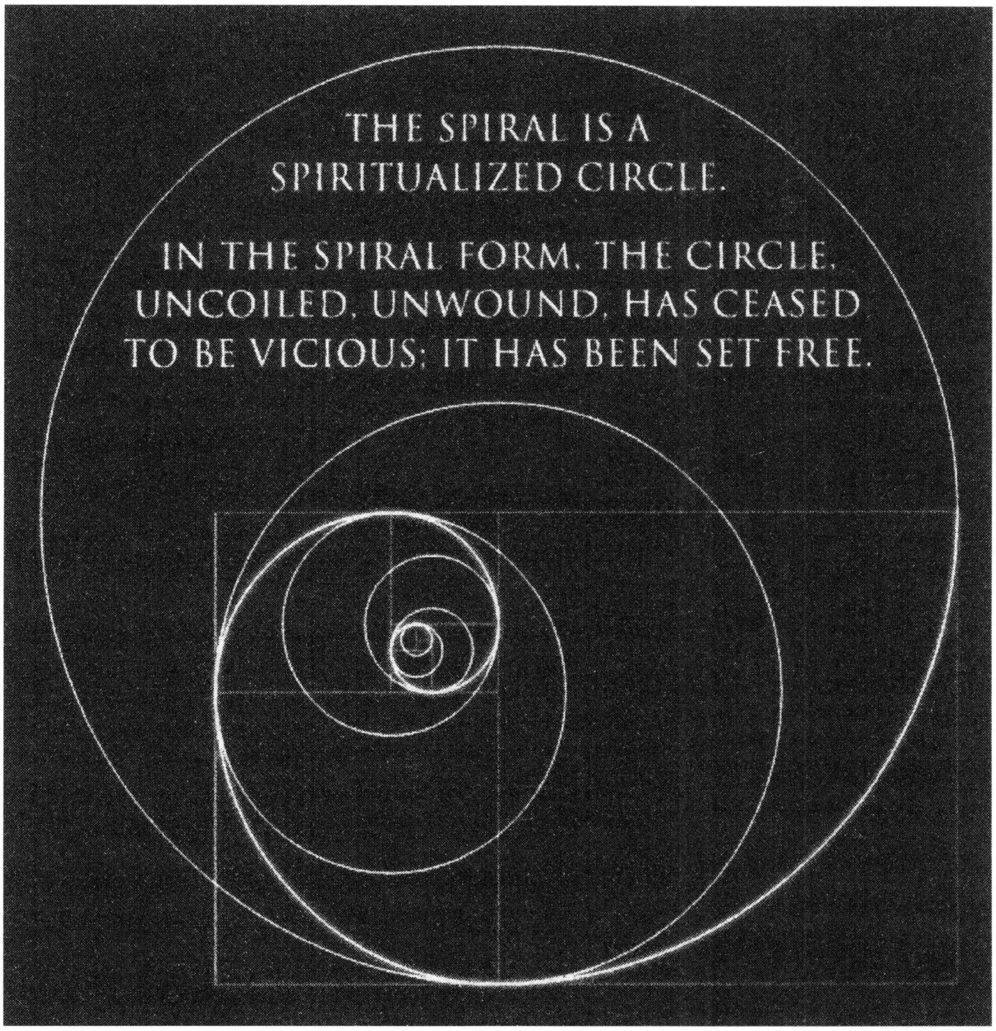

Abb. 11 a
Nakabov´s Spirale ist die zirkularisierte Phi – Spirale

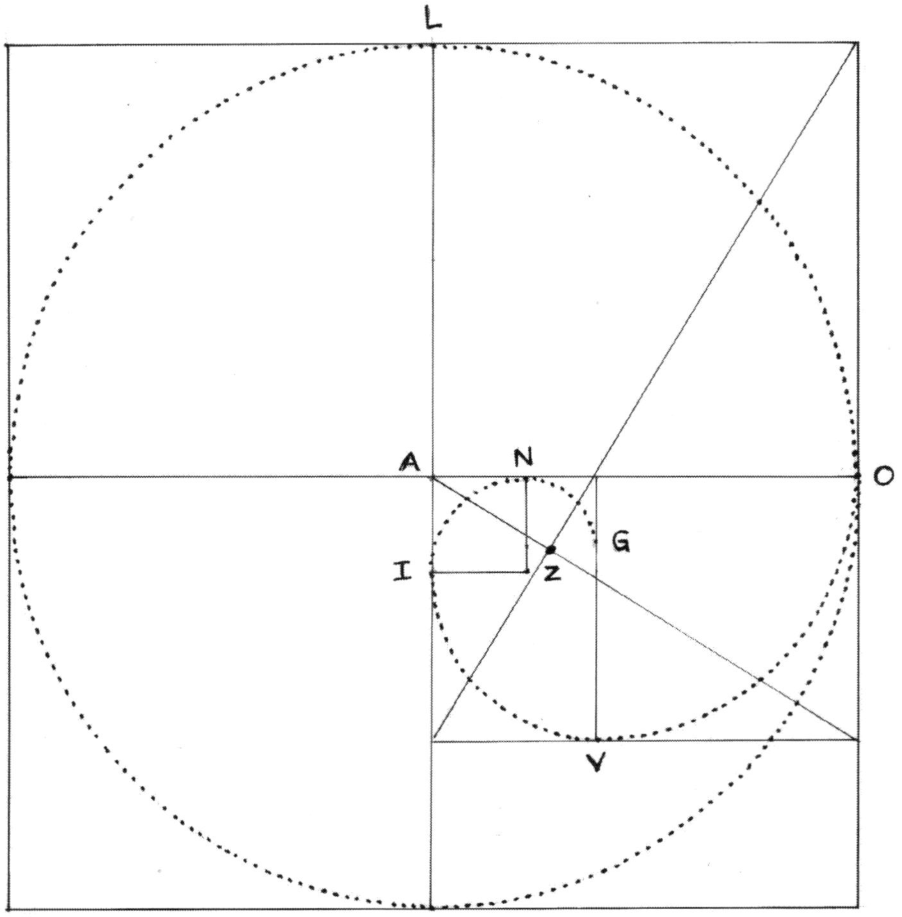

The Centre of the Square-Circle is point "A"
The Centre or Eye of the Phi Spiral is "Z"
nb: This Golden Mean Centre "Z" by definition is "off-centre". This composition of Phi Spiral, when circularized or framed in a Square, is called the Nabokov Spiral.
The Path of the Phi Spiral can be seen as the 5 ¼ circle arcs, expressed above as the Path of "L-O-V-I-N-G" JAIN.

Abb. 11 b
Jains Hand-gezeichnete Wiedergabe der Nabokov Spirale, welche die Quadratur des Kreises und die zirkularsierte Phi-Spirale zeigt

Im Folgenden habe ich beide Muster kombiniert: Die zirkularisierte Phi-Spirale und den digital komprimierten binären Code im 9–Punkte–Kreis.

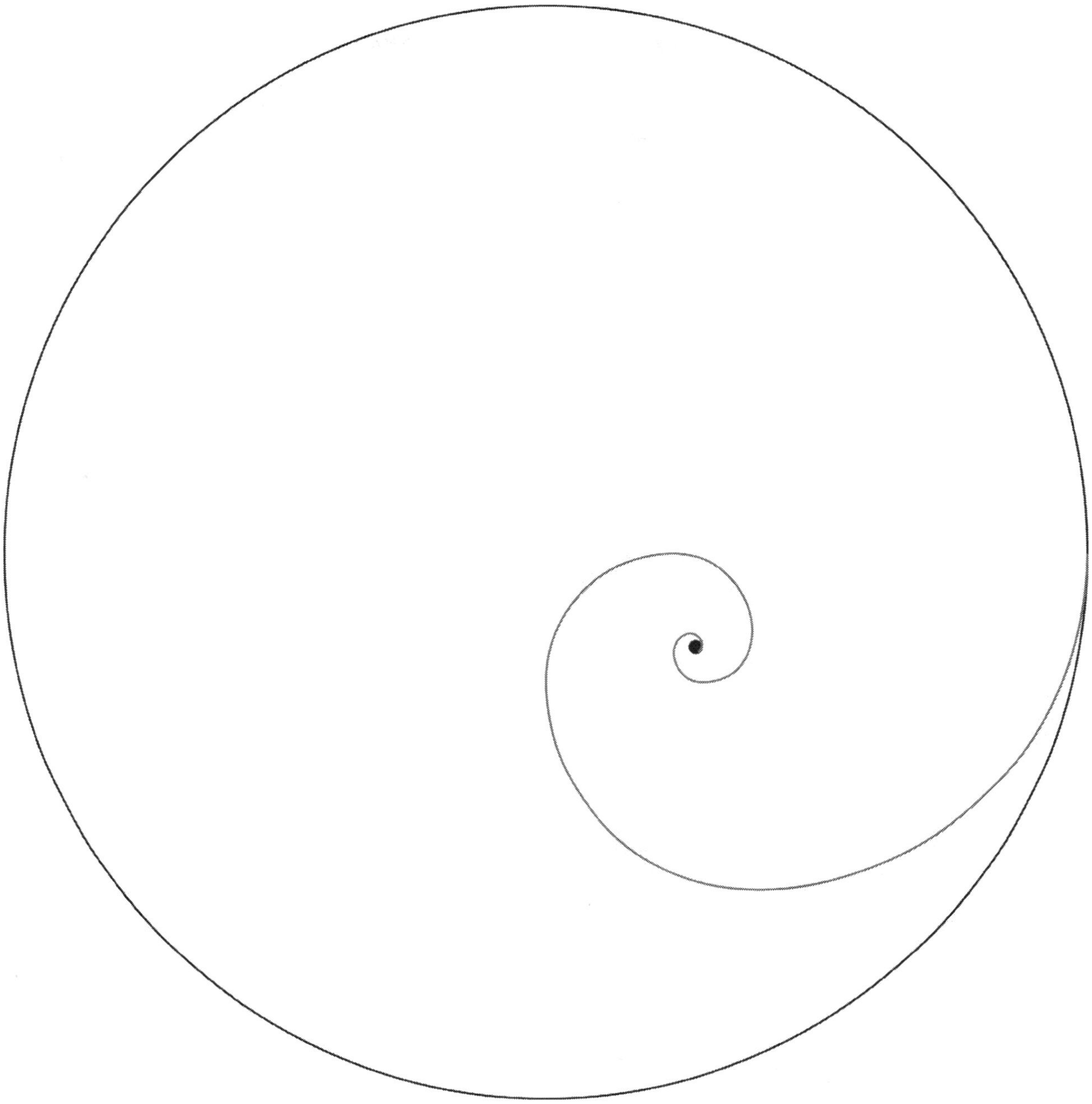

Abb. 11 c
Jains am Computer dargestellte Version der Nabokov Spirale, die nur die zirkularisierte Phi-Spirale zeigt. Der Punkt der zu sehen ist, das eigentliche Auge der Spirale, der Tornado, der Kreuzungspunkt, ist wie erwartet außerhalb des Mittelpunkts. Wenn man Seerosen in einem Teich beobachtet, an der Stelle, wo der Stiel dem flachen schwimmendem Blatt begegnet, sieht man, dass der Stiel sich niemals im Mittelpunkt des Kreises befindet, sondern an unserem Kreuzungspunkt, dem Schlund Loch, dem Wurmloch.

SuperImposing 4 Phi Spirals and Binary VW symbol to see if their Centres SuperImpose. Answer = YES. The 4 EYES of the Φ Spiral Cent s lie on the Inner Cir that passes thru Nexus or Eye of Binary VW Symbol.

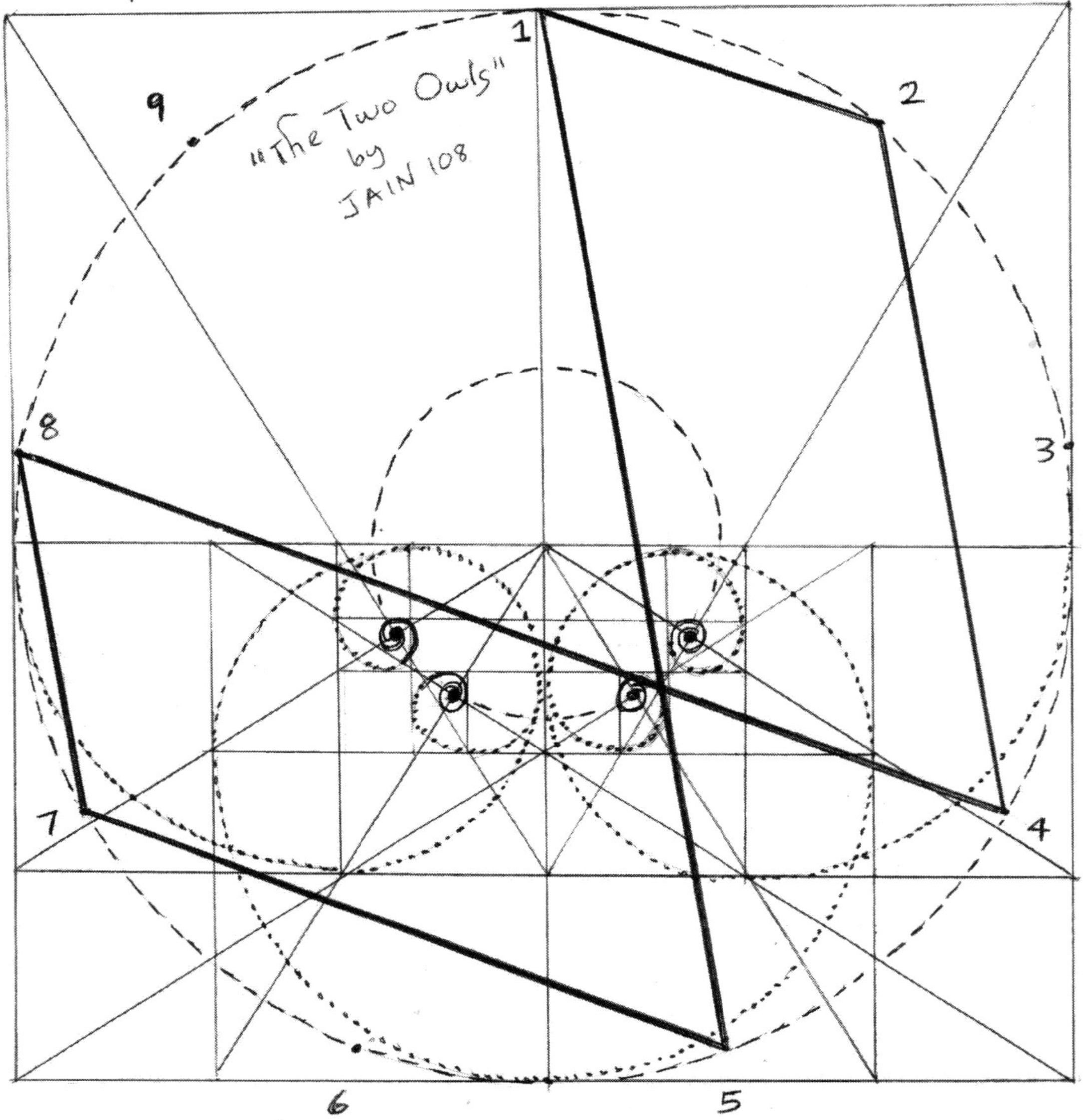

What is radius of Inner Circle? if larger Circle has Radius 100mm ÷ 1/3 ÷ 33.3 mm. This is the "black hole" Geometry of the Void. This Diagram validates Digital Compression as a true Science: It expresses the Binary Code of 1-2-4-8-7-5 as a Uni-Phi Field. JAIN 6-3-2010

Abb. 12

4 Phi Spiralen, 2 Eulen, 1 binär Code, Alle aufgereiht. Zwei unterschiedliche Welten begegnen sich in ihren Mittelpunkten.

Der Innere gestrichelte Kreis in Abbildung 12 ist der Ort, an dem beide Augen sich treffen, die des Emanationspunktes des Binären Codes und der unendlich zirkularisierten Phi-Spirale; aus diesem Grund wird er auch Locus genannt, dessen Plural Locii lautet.

Da der Phi-Spiralen-Wirbel ein Wurmloch darstellt, wird er als Breitband definiert, dies bedeutet, dass seinem Mittelpunkt kein exakter Zahlenwert zugeschrieben werden kann. Der Phi-Ratio mit einem Wert von 1:1.618033..... hat eine dezimale Form, die für immer auf Reisen geht. Dies hat zur Folge das die zwei Mittelpunkte sich niemals berühren können, sie können sich jedoch einander nähern.
Eine wichtige Entdeckung, die lediglich durch das Verbinden von Punkten erkannt wurde. Das ist eigentlich alles, was ich in den letzten 30 Jahren getan habe, Punkte-zu-verbinden. Meine Überzeugung ist, dass diese zwei Geometrien wie zwei Welten sind, die Brücken bauen bzw. zusammenkommen. Einerseits die Welt von Phi 1-1-2-3-5-8-13, und andererseits die Binäre Welt 1-2-4-8-16-32-64. Sie begegnen sich in ihren Mittelpunkten...
Phi basiert auf 1, diese wird zur 1, diese wird wiederum zur 2, diese zur 3, diese wird zur 5 etc. und das binäre ist 1 wird zu 2 wird zu 4 wird zu 8 wird zu 16 etc...
Das eine ist die Welt der Natur und Biologie und das andere ist die Welt der Computer und der digitalen Schöpfungen ... aus diesem Grund sind Wir beides!
Dies **bestätigt** auch **die Hohe Kunst der digitalen Kompression**, die These meines Lebenswerkes welches ich die Übersetzung von Zahlen in Kunst genannt habe oder vereinfacht, **die KUNST der ZAHLEN**, welche untrennbar ist mit Atomarer Kunst, Nukleargeometrie und der ganzen Fabrik der Schöpfung.

Die Abb. 12a weiter unten, zeigt die Vereinigung von der zirkularisierten Phi-Spirale und dem binären VW-Code, in einem einfacheren und klareren Format.
Das Aufeinandertreffen von zwei Welten: Der natürlichen und der außerirdischen.
1 – der zirkularisierte Phi-Code stellt die Welt der Biologie und der lebendigen Mathematik der Natur dar, wobei der

2 – Binäre Code / die Verdoppelungssequenz die Welt der Kristalle / der Silikon Chip Moleküle / des High Tech und der Computer und Maschinen darstellt, die Ära des Raumes und der Herren der Elektronen....

Die Mathematik lehrt uns, dass alle Welten miteinander verbunden sind. Unsere Welt der Natur und Biologie integriert sozusagen ihr Verständnis über die rasant voranschreitende Welt der Technologie und das Zeitalter intelligenter Roboter. Bewusstsein existiert sowohl in Metallen, als auch in Kristallen – Mathematik lehrt uns, dass alle Lebensformen möglich sind, in unserem toroidalen Universum.

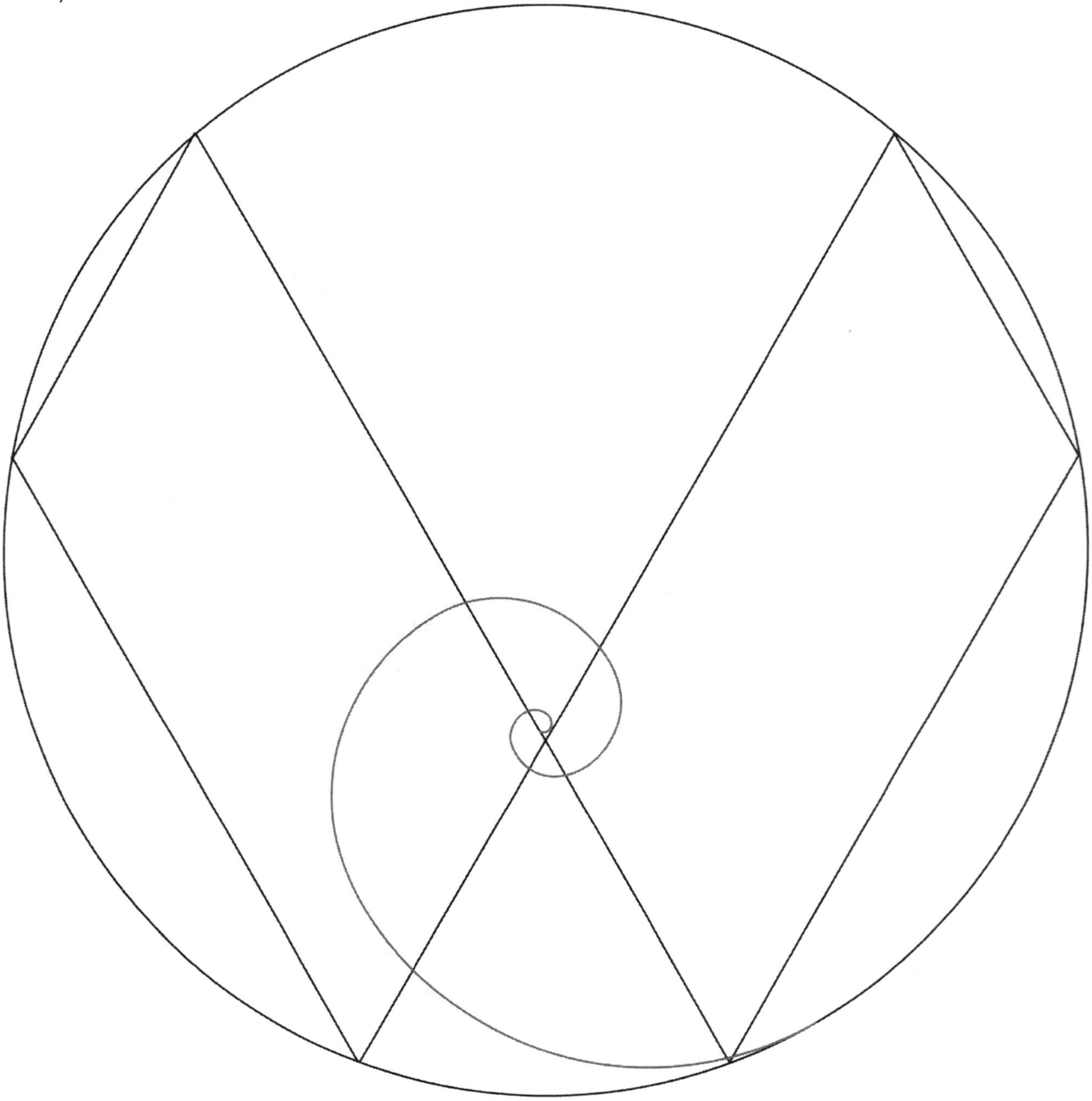

Abb. 12a

Die Fusion oder Vereinigung oder Hochzeit der zirkularisierten Phi-Spirale und des Binären VW-Codes, sich ein gemeinsames zentrales Auge oder Wurmloch teilend, vielleicht der Schlüssel zur nuklearen Physik der schwarzen Löcher und der uralten Kunst der Zeit-Krümmung.

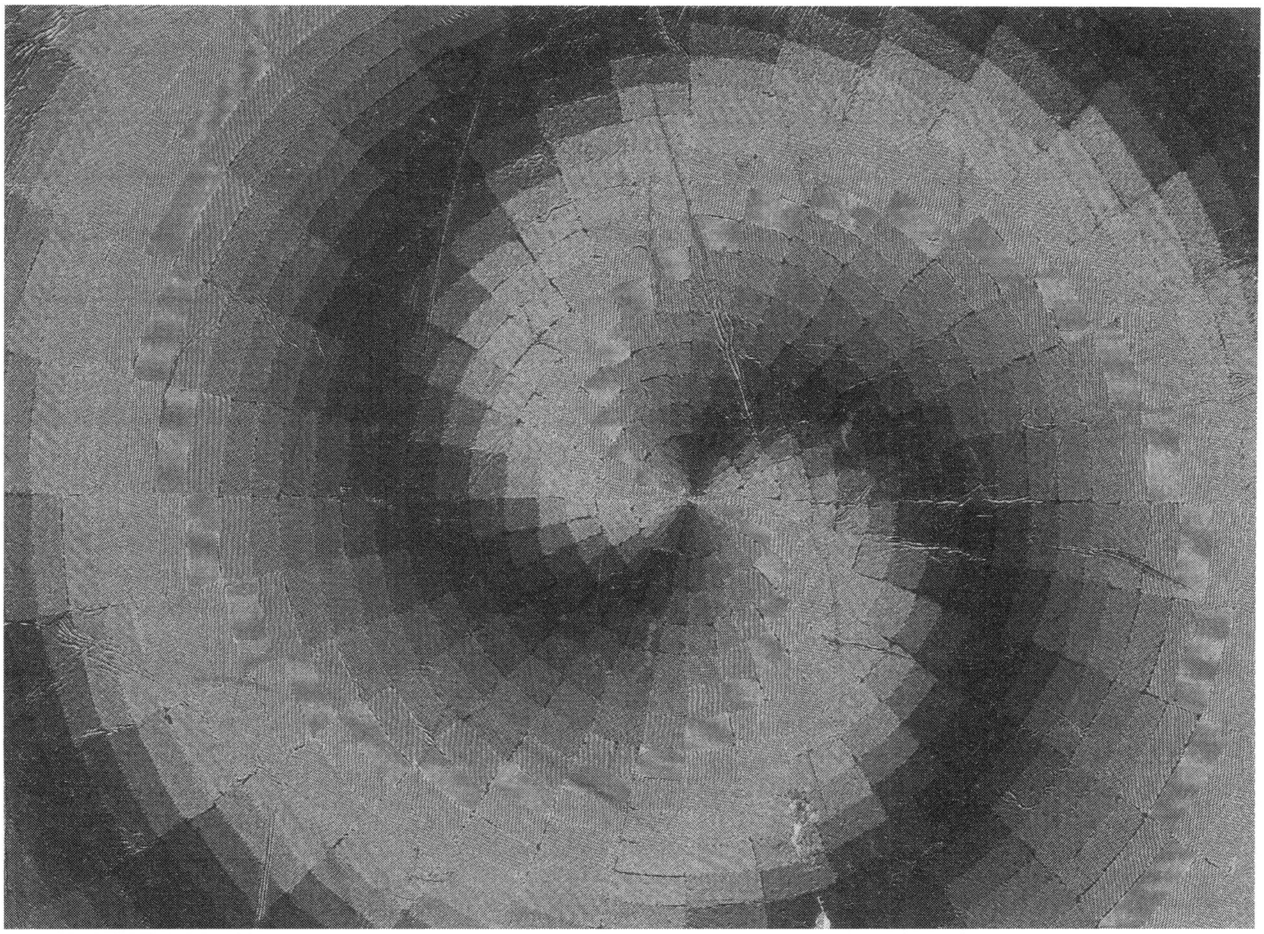

Abb. 13
Gegenläufig-Rotierende Spiralen
(Diese Abbildung wurde auf reflektierendem Papier gesehen und besaß eine Kupferartigen Überzug)

[**Fußnote:**
(Wenn Du den Begriff „Phi Spiral Circle“ bei Google eingibst und Dir die Bilder ansiehst, wird Dir diese **Nabokov Spirale** begegnen:
http://spiralzoom.com/Culture/ContemporaryArt/spiralnabokov.jpg
Dort steht geschrieben:
„ Die Spirale ist der spiritualisierte Kreis. In der Form der Spirale, ist der Kreis entrollt, losgewickelt, hat aufgehört teuflisch zu sein: Nun ist er befreit „.
Bild entnommen von: - Vladimir Nabokov, Rede, Erinnerung (1966), Author von Lolitha).]

∞ 2.Kapitel ∞

Die ungeraden Zahlen bilden die Quadratzahlen und die Kubikzahlen

Das Kapitel im Überblick:

- Erster Teil

Die ungeraden Zahlen bilden die Quadratzahlen-Sequenz

- Tabelle der ungeraden Zahlen entstanden aus den ungeraden Zahlen
- Die Hohe Sprache der Muster-Erkennung oder universellen Form
- Die Rechte Feminine Gehirn Mathematik

- Zweiter Teil

- Die ungerade Zahlen bilden die Kubikzahlen-Sequenz
- Die Kubischen Muster der Natur, wie man sie in Seifenmembranen findet
- Die Lösung zur kubischen Darstellung der ungeraden Zahlen, in einer Tabelle gezeigt

- Erster Teil -

DIE UNGERADEN ZAHLEN BILDEN DIE QUADRATZAHLEN & DIE UNIVERSELLE SPRACHE der MUSTER ERKENNUNG

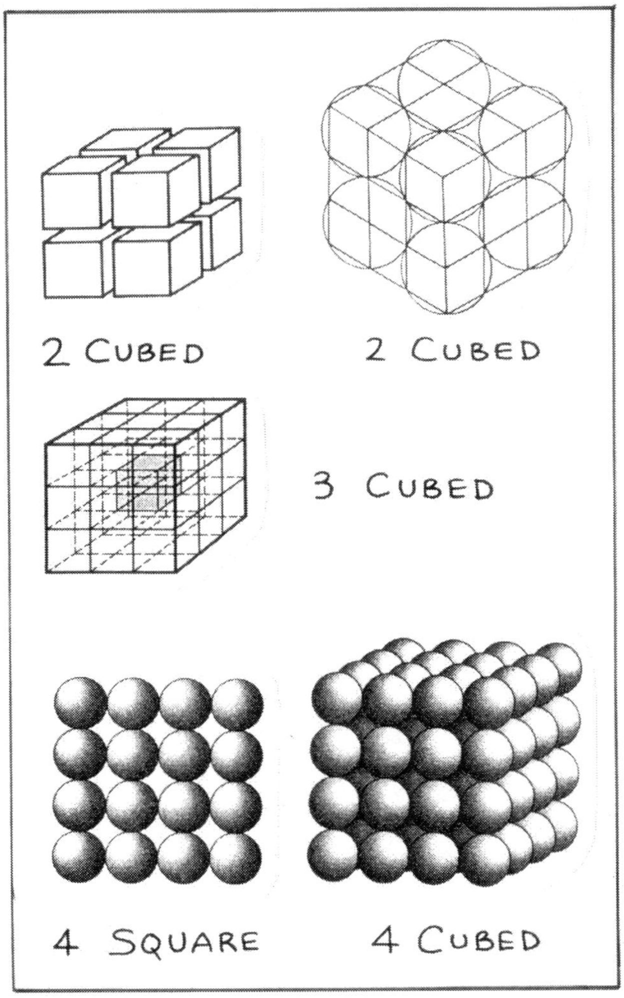

Überprüfe das übliche MUSTER der folgenden Summen der ungeraden Zahlensequenz 1-3-5-7-9-etc, wie in der ersten Abbildung gezeigt.
Wenn diese Form einmal bekannt ist, ist der Schüler in der Lage mental die Antworten vorauszusagen, so wie sie in der rechten Spalte dargestellt sind.

a	1	= 1	= 1x1	= 1^2
b	1 + 3	= 4	= 2x2	= 2^2
c	1 + 3 + 5	= 9	= 3x3	= 3^2
d	1 + 3 + 5 + 7	= 16	= 4x4	= 4^2
e	1 + 3 + 5 + 7 + 9	= 25	= 5x5	= 5^2
f	1 + 3+ 5 + 7 + 9 + 11	= 36	= 6x6	= 6^2
g	1 + 3 + 5 + 7 + 9 + 11 + 13	= 49	= 7x7	= 7^2
h	1 + 3 + 5 + 7 + 9 + 11 + 13 + 15	= 64	= 8x8	= 8^2
i	1 + 3 + ... + 17	= 81	= 9x9	= 9^2
j	1 + 3 + ... + 19	= 100	= 10x10	= 10^2
k	1 + 3 + ... + 21	= 121	= 11x11	= 11^2
l	1 + 3 + ... + 23	= 144	= 12x12	= 12^2

Abb. 1

Typisches Jain Mathemagics Arbeitsblatt, um das Muster zu erkennen, welches sich ergibt, wenn man nach und nach die ungeraden Zahlen miteinander addiert.

Beachte das Erscheinungsbild der Quadratzahlen, die entstehen, wenn eine weitere ungerade Zahl zur letzten Summe addiert wird. Nun können wir schlussfolgern, dass die progressive Summe der ungeraden Zahlen folgende Sequenz von Quadratzahlen ergibt:

n^2 = 1, 4, 9, 16, 25, 36, 49, 64 etc.

Im Grunde genommen geben uns diese Daten Aufschluss darüber, dass die Ausweitung der Zahlen systematisch in eine Form komprimiert werden kann, in diesem Falle sind es Quadratische Formen.
Das hier demonstrierte Konzept, zeigt uns, dass die Hohe Sprache der Mustererkennung oder die Universelle Sprache Wirkung zeigt.

Die neue Schule der Mathematik oder die Mathematische Revolution ist die Fähigkeit Zahlen in Bildern oder Formen wahrzunehmen.
Es ist die Rechte Feminine Gehirn Mathematik, welche uns erlaubt Bilder, Formen, Musik, Hologramme, Muster, Symbole etc. zu verstehen.

Indem wir diese Sprache lernen, erinnern wir uns an die verloren gegangene Wissenschaft der Mensch-Delphin-Gehirn Verbindung. Forschungen haben bewiesen, dass Delphine in der Lage sind 8 Dinge gleichzeitig zu tun, so als ob man 8 Radiosender gleichzeitig hören würde.

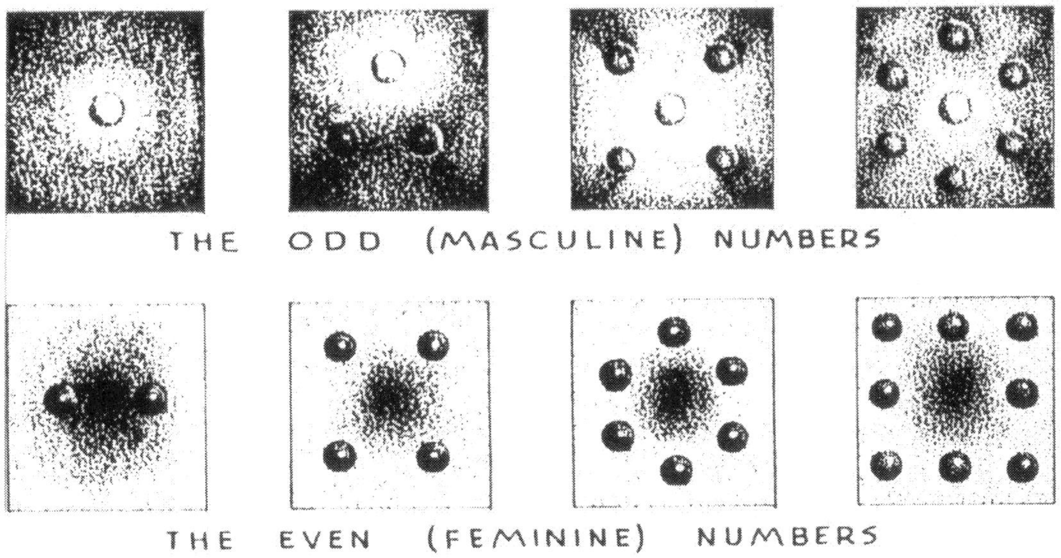

Abb. 2
Pythagoras vor 2500 Jahren
Er schrieb einer Reihe von Zahlen – Geraden (2,4,6,8) und Ungeraden (1,3,5,7,9) männliche und weibliche Attribute zu.

Abbildung 1, ohne die Antworten in der rechten Spalte, ist sie ein typisches „Jain Mathemagics Arbeitsblatt", welche den Eltern oder dem Lehrer erlaubt es zu kopieren, um dem Kind bzw. dem Schüler die Aufgabe zu geben versteckte oder innewohnende Symmetrien und Muster zu erkennen.
Diese Arbeitsblätter, in denen der Schüler diese Antworten für sich selbst entdecken kann, findet Ihr in dem Compagnon zu diesem Buch, welches ich „Das Lehrerhandbuch" genannt habe. (Dieses ist derzeit nur in englischer Sprache erhältlich The Art of Number „The Teachers Manual")

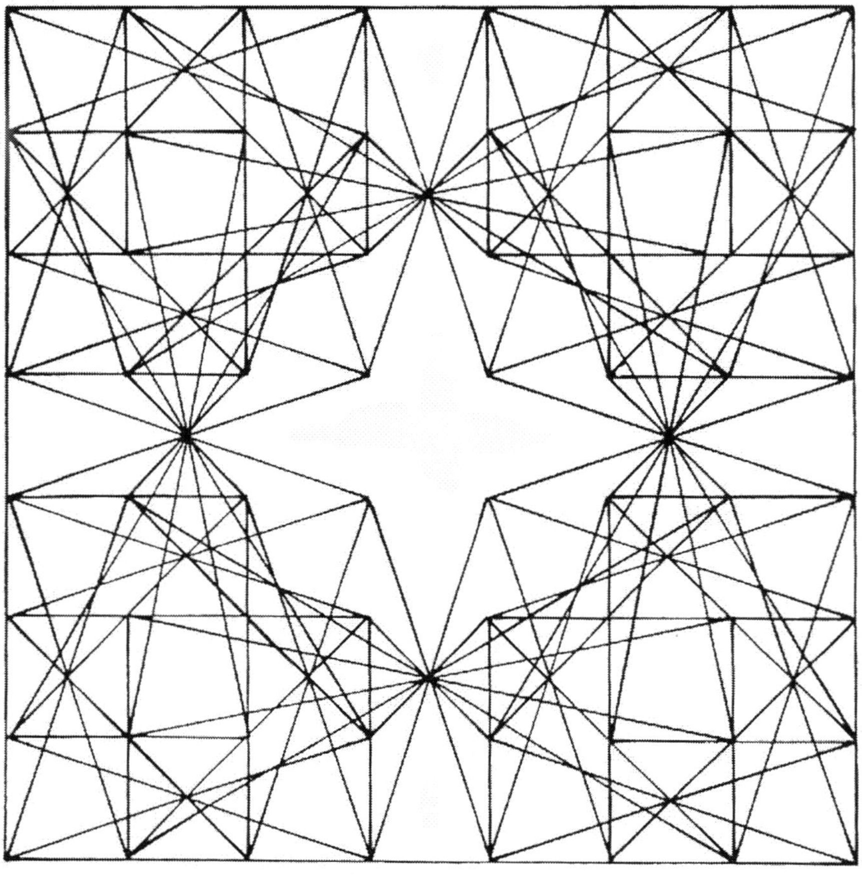

Das Magische Quadrat aus 8x8 @ 4x90 Grad von Benjamin Franklin bald erhältlich als Set aus 12 Abziehbildern in groß und klein

- ZWEITER TEIL -

Die Ungeraden Zahlen generieren Die Kubikzahlen

Im ersten Teil haben wir die ungeraden Zahlenreihen gesehen und beobachtet wie aus Ihnen die Reihe der quadratischen Zahlen entsteht. Um mit diesem Wissen in **die nächste Dimension** zu gelangen (**Jains 17.Sutre**), muss man verstehen lernen, wie man aus der Familie der Quadrate in die Familie der Würfel gelangen kann und dabei NUR UNGERADE ZAHLEN verwendet!

Beachte außerdem, wie hier die Zahlen auf eine andere Art und Weise addiert werden, im Vergleich zu unserem letzten Beispiel. Anstatt bei der Addition immer bei der Zahl 1 zu beginnen, wird hier immer die jeweils höhere ungerade Zahl dazu addiert. Immer eine Zahl mehr, als in der Zeile zuvor. Nach dem Motto: „Immer eine dazu", so dass die Reihen immer größer werden.

a	1	= 1	= 1x1x1	$= 1^3$
b	3 + 5	= 8	= 2x2x2	$= 2^3$
c	7 + 9 + 11	= 27	= 3x3x3	$= 3^3$
d	13 + 15 + 17 + 19	= 64	= 4x4x4	$= 4^3$
e	21 + 23 + 25 + 27 + 29	= 125	= 5x5x5	$= 5^3$
f	31 + 33 + 35 + 37 + 39 + 41	= 216	= 6x6x6	$= 6^3$
g	43 + 45 + 47 + 49 + 51+ 53 + 55	= 343	= 7x7x7	$= 7^3$

Abb. 2
Die kubische Darstellung von ungeraden Zahlen

Um die mathematische Gedächtnis Kraft und das Selbstbewusstsein eines Schülers zu stärken, sollte man ihn ermutigen diese Sequenzen zu lernen, wie z.B. auch die Sequenzen der Quadratzahlen:
1 – 4 – 9 – 16 – 25 – 36 – 49 – 64 – 81 – 100 – etc.

und die der kubischen Zahlen Reihe:
1 – 8 – 27 – 64 – 125 – 216 – 343 – 512 – 729 – 1000 – etc.

Zu Erlernen, wie man Zahlen in Formen darstellen kann, ist der erste Schritt um die galaktische Mathemagie zu begreifen, hier auch bekannt als die Kunst der Zahl oder die Übersetzung von Zahlen in Kunst.

Die mathematischen Anordnungen der kubischen Sequenzen haben ihr 3–dimensionales Gegenstück in der würfelförmigen Natur der Mineralien, oder wie unten gezeigt in den Mustern von Seifenmembranen oder Seifenfilmen.

Kubischer Seifenfilm

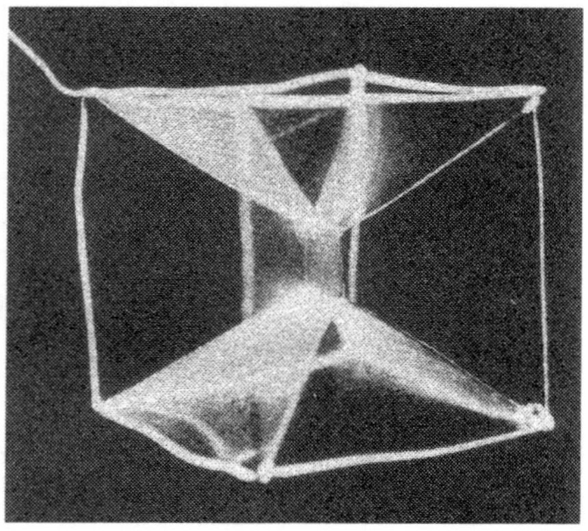

Kubischer Seifenfilm zeigt uns Würfel in Würfel (die Definition von Fraktalen oder von Selbst-Ähnlichkeit).
Dies nennt sich auch Tesserakt oder 4–dimensionaler Hyperwürfel

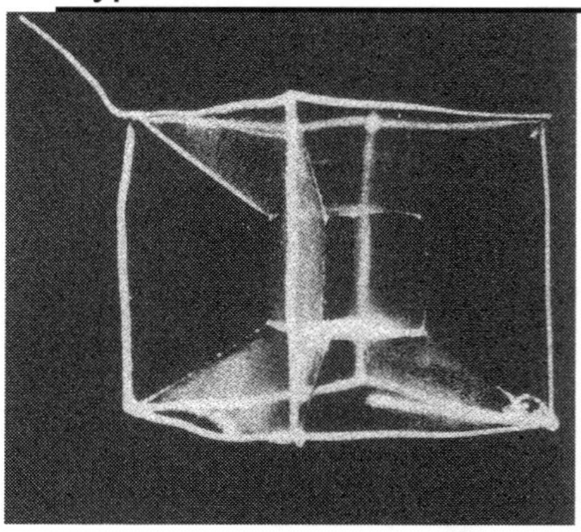

Abb. 3
Kubische Seifenblasen

Treppenstufenartige Ziffern:

Hier nun ein letztes Beispiel in dem es nicht um Ungerade Zahlen geht, sondern vielmehr darum einen Weg zu finden die Quadrat-Zahlen-Sequenz auf eine andere Art und Weise zu generieren. Wir beachten, dass hier die Ziffern treppenstufig nach oben gehen (1,2,3,4) und auf der anderen Seite treppenstufig absteigen (4,3,2,1).
Ein erfrischendes Beispiel zum Thema – Mustererkennung.

$$1 \qquad = 1 \times 1 = 1^2$$
$$1+2+1 \qquad = 2 \times 2 = 2^2$$
$$1+2+3+2+1 \qquad = 3 \times 3 = 3^2$$
$$1+2+3+4+3+2+1 \qquad = 4 \times 4 = 4^2$$

Abb. 4
Pyramide der Zahlen
Formt die Quadratzahlensequenz

∞ 3.Kapitel ∞

Die VISUELLE MULTIPLIKATIONSTABELLE

Inhalt des Kapitels:

- **ERSTER TEIL**
  Digitale Kompression des 4er Einmaleins (eingefügt in ein Rad aus 9, ein 9-eckiges-Enneagramm formend

- **ZWEITER TEIL**
  „All die Einen“ formen die atomare Struktur des Rutile Kristalls

- **DRITTER TEIL**
  Die überlagerten Strukturen „All der Einer“ mit der„Aller Achter“ formen die atomare Struktur des Platinum Kristalls

- ERSTER TEIL -

Die digitale Kompression des 4er Einmaleins

Lasst uns nun, das wohl bekannte 4er Einmaleins, in ein überraschendes symmetrisches Muster umwandeln!
In diesem Kapitel werden wir uns, um den Anfang zu machen, dem 4er Einmaleins widmen, anschließend fügen wir all den komprimierten Zahlen ein einheitliches Feld hinzu, um so in der atomaren Kunst anzukommen!
Um dies zu erreichen, müssen wir aus allen mehrstelligen Zahlen die Quersumme berechnen.

1	2	3	4	5	6	7	8	9
2	4	6	8	10	12	14	16	18
3	6	9	12	15	18	21	24	27
4	8	12	16	20	24	28	32	36
5	10	15	20	25	30	35	40	45
6	12	18	24	30	36	42	48	54
7	14	21	28	35	42	49	56	63
8	16	24	32	40	48	56	64	72
9	18	27	36	45	54	63	72	81

Abb. 1
Die Allerorts bekannte Tabelle des Einmaleins bis 9 x 9.
Ihr verborgener bzw. innewohnender Inhalt wird in Schulen nicht unterrichtet.

Sieh was passiert, wenn Du die Quersummen folgender zweistelligen Zahlen des 4er Einmaleins, berechnest und somit einstellige Zahlen daraus machst:

4	8	12	16	20	24	28	32	36	40	44	48	52	56	60	64	68	72
4	8	3	7	2	6	1	5	9	4	8	3	7	2	6	1	5	9

Abb. 2
Die lineare Auflistung des 4er Einmaleins, in seiner zweistelligen Form und darunter in seiner einstelligen, Digital komprimierten Form.

4	**8**	**3**	**7**	**2**	**6**	**1**	**5**	**9**

Abb.3
Das 4er Einmaleins in seiner einstelligen oder Digital komprimierten Form. Es zeigt uns ein Muster aus 9 Zahlen, welches sich bis in die Unendlichkeit wiederholt.

Die Anzahl der sich wiederholenden Zahlen, wird auch Periodizität genannt. In diesem Fall ist die Periodizität 9, da es 9 Zahlen sind, die sich stetig wiederholen.

Um die Zahlen in Kunst zu transformieren, müssen wir diese 9 Zahlen

4 - 8 - 3 - 7 - 2 - 6 - 1 - 5 - 9

in einen 9-Punkte-Kreis einfügen oder in ein 9er Rad. Dies ist ganz einfach vollzogen, indem man eine lange, durchgehende Linie von einer Zahl zur nächsten zieht. Am Ende wird eine Linie von der Neunten Zahl zurück zur Ersten gezeichnet, um den Kreislauf zu schließen.

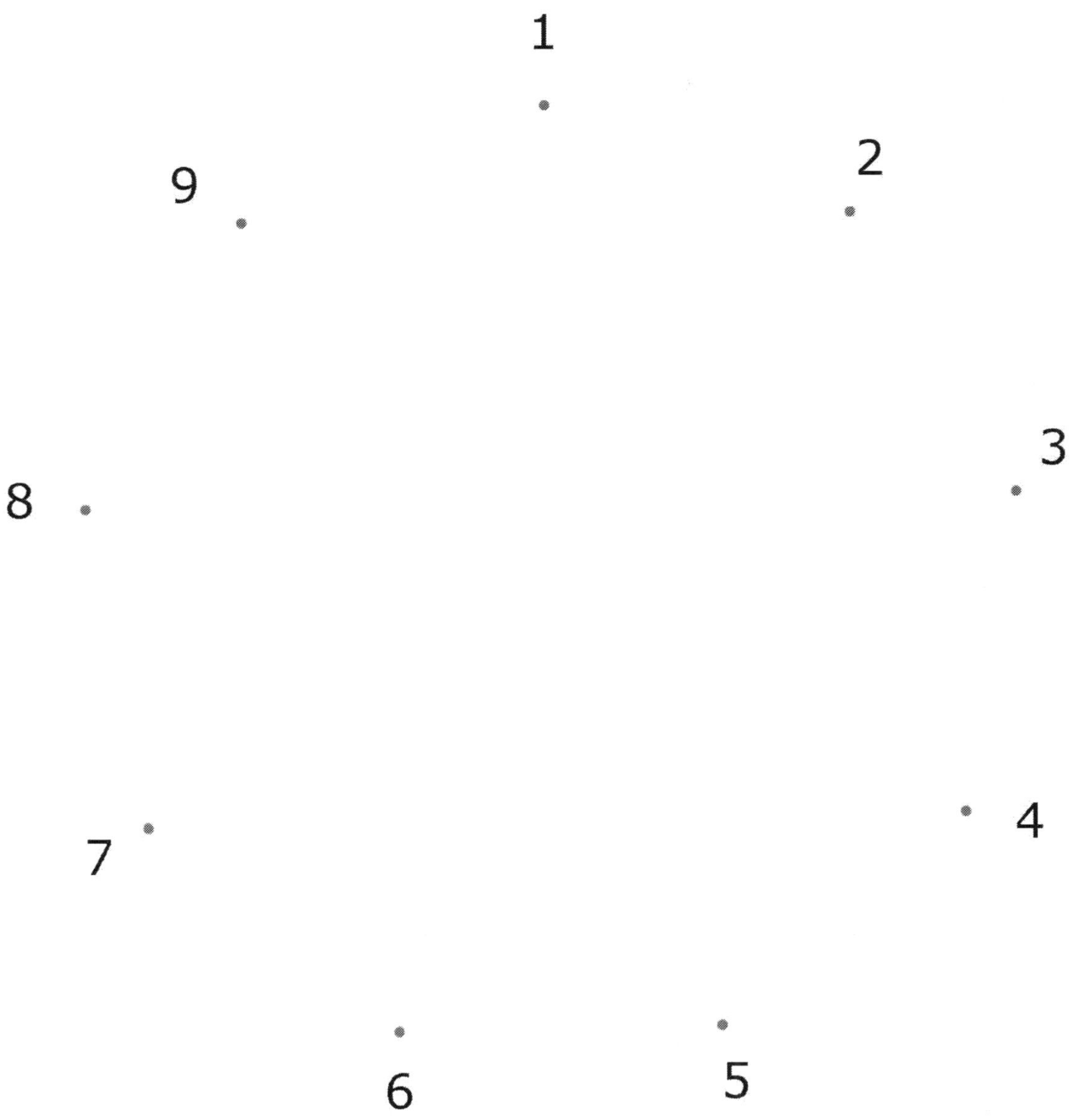

Abb. 4

Der 9-Punkte-Kreis, der dazu verwendet wird Zahlen in Kunst umzuwandeln. Um das Bekannte 4er Einmalseins in ein Bild zu verwandeln, wird die letzte Zahl wieder mit der Ersten verbunden.

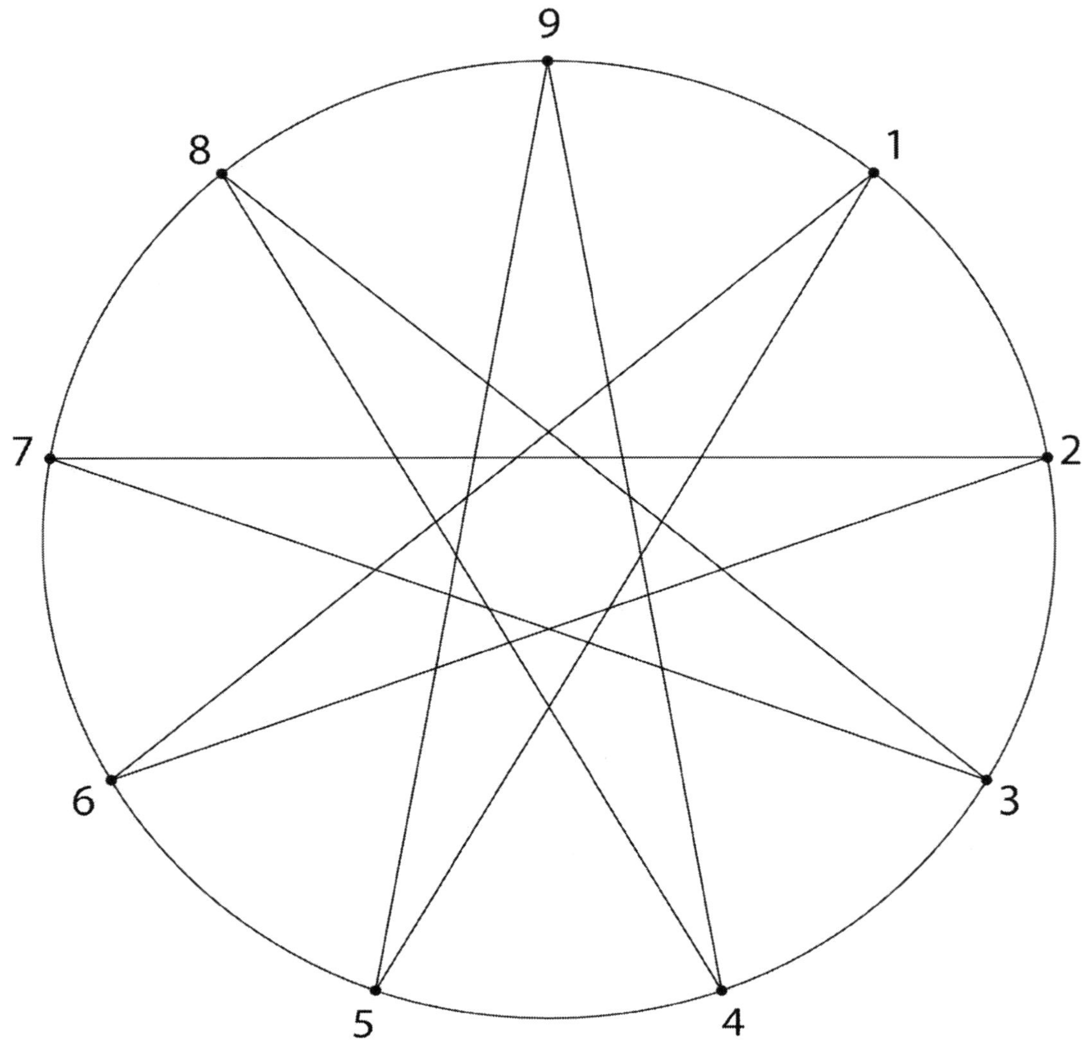

Abb. 5
Das Digital komprimierte 4er Einmaleins eingefädelt in dem 9-Punkte-Kreis formt den 9-eckigen Stern des Enneagramms.

- ZWEITER TEIL -
„ALL DIE EINEN“
formen die ATOMARE STRUKTUR des RUTILE KRISTALLS

Im ersten Teil haben wir das Muster der Vier erforscht welches uns eine brillante Symmetrie offenbart hat.
Im zweiten Teil wollen wir all die kombinierten Muster betrachten von 1 bis 9, sie alle zu einer einzigen Einheit reduzieren und anschließend „Alle Einer“ und „Alle Achter“ isolieren bzw. hervorheben.
Im dritten Teil überlagern oder kombinieren wir „All die Einen“ mit „Allen Achten“.

Ein wichtiger Teil des Jain Mathemagie Lehrplans für die globale Schule, ist die Fähigkeit Zahlen in Kunst zu übersetzen oder umzuwandeln, sprich, die KUNST DER ZAHLEN, ein sehr aufregender Teil der Mathematik, welcher in Schulen nicht unterrichtet wird.
Hier ist es sehr wichtig zu bemerken, dass dieses uralte Wissen UNIVERSELL ist und das es keinen Bezug zum vedischen Viereck besitzt was viele indische Autoren behaupten. Es geht über die Veden hinaus, es ist zeitlos und darf nicht mit kulturellem Copyright beschmutzt werden.

Abb. 1 zeigte uns das typische oder traditionelle Multiplikationsquadrat bis 9 x 9. Nun können wir alle zweistelligen Ziffern mit einstelligen ersetzen.

z.B.: 6 x 7 = 42 = 4 + 2 = 6
Manchmal ist noch ein weiterer Schritt von Nöten, wie z.B. hier:

4 + 7 = 28 = 2 + 8 = 10 = 1 + 0 = 1

Hier in Abb. 6 findest Du eine Tabelle aus 81 digital komprimierten Ziffern, welche eine zeitlose Matrix aus uralten Symbolen erschafft. Man nennt es auch **FIXIERTES DESIGN**, da es sich niemals verändern kann und nicht einer einzigen Kultur zugesprochen werden kann.

Das Wort „Matrix" bedeutet „Gebärmutter", was impliziert, dass diese Box aus Ziffern, in ihrer primitivsten Form, potenziell hochintelligente Sequenzen und abgeleitete Bilder in Form von Heiligen Symbolen, gebären kann.

1	2	3	4	5	6	7	8	9
2	4	6	8	1	3	5	7	9
3	6	9	3	6	9	3	6	9
4	8	3	7	2	6	1	5	9
5	1	6	2	7	3	8	4	9
6	3	9	6	3	9	6	3	9
7	5	3	1	8	6	4	2	9
8	7	6	5	4	3	2	1	9
9	9	9	9	9	9	9	9	9

Abb. 6
Die Digital Komprimierte Multiplikationstabelle bestehend aus 81 Einzelnen Ziffern von 1 bis 9

Abb. 7 zeigt alle Einser die in Abb. 6 enthalten sind. In Anbetracht dessen, isolieren wir „All die Einer" wie sorgfältige Muster-Jäger, die nicht wissen, was sie zu erwarten haben, offen für neue Entdeckungen, in der Hoffnung etwas Symmetrisches zu beobachten. Denn Symmetrie ist die Sprache des Universums!

1	2	3	4	5	6	7	8	9
2	4	6	8	1	3	5	7	9
3	6	9	3	6	9	3	6	9
4	8	3	7	2	6	1	5	9
5	1	6	2	7	3	8	4	9
6	3	9	6	3	9	6	3	9
7	5	3	1	8	6	4	2	9
8	7	6	5	4	3	2	1	9
9	9	9	9	9	9	9	9	9

Abb. 7
All die Quersummen in der Digital Komprimierten Multiplikationstabelle mit der Zahl 1 als Ergebnis, wurden schattiert. Wir verweisen hier auf „All die Einen“.

Während wir so auf die sechs hervorgehobenen Einser starren, können wir wahrnehmen oder bemerken, dass ein Hauch von Symmetrie vorhanden ist. Auch wenn es nicht spannend zu sein scheint. Es gibt noch einen wichtigen Schritt bzw. Prozess, welchen wir benötigen, um die tiefere Bedeutung dieser Einser herauszuziehen.
Aus reiner Neugierde, lasst uns die Matrix „Aller Achter“ ansehen. Siehe Abb. 8 weiter unten. (Ist das Synchronizität? Abb. **8** zeigt „Alle **Acht**er“).

1	2	3	4	5	6	7	8	9
2	4	6	8	1	3	5	7	9
3	6	9	3	6	9	3	6	9
4	8	3	7	2	6	1	5	9
5	1	6	2	7	3	8	4	9
6	3	9	6	3	9	6	3	9
7	5	3	1	8	6	4	2	9
8	7	6	5	4	3	2	1	9
9	9	9	9	9	9	9	9	9

Abb. 8

All die Quersummen in der Digital Komprimierten Multiplikationstabelle mit der Zahl 8 als Ergebnis, wurden schattiert. Hier verweisen wir auf „All die Achten".

Falls Du die Ähnlichkeit bzw. die Verbindung zwischen „All den Einen" und „All den Achten" nicht erkennen kannst, lasst uns versuchen das Muster „All der Einen" etwas auszubauen. Um dies zu bewerkstelligen, müssen wir all die 81 Zahlen aus unserer Tabelle entfernen und sogar alle 81 Spalten auflösen, bis ein Gitternetz aus 81 Punkten übrig bleibt. Nun kannst Du in Abb. 9 visualisieren, dass jeder einzelne Punkt in der Tat ein Zentrum einer jeden bezifferten Spalte darstellt.

GITTERNETZ AUS 81 PUNKTEN

Abb. 9
Das Gitternetz aus 81 Punkten welche alle 81 Ziffern der digital komprimierten Multiplikationstabelle repräsentieren.

Nun markierten wir die Stellen an denen diese Einser lokalisiert waren, sagen wir als verdickter Punkt, somit können wir genau erkennen, wo sich diese Ziffern befunden haben und können ihre Interaktionen bewundern. Als Einstein auf seine Relativitätstheorie Bezug nahm, suggerierte er, dass jedes einzelne Atom welches im Einheitsfeld existiert mit jedem anderen Atom im Universum verbunden ist.

Aufgrund dessen, ist jeder Punkt der Eins untrennbar verbunden mit allen anderen Punkten der Eins. Somit müssen wir nun eine Linie bzw. viele Linien zeichnen, die all diese Punkte miteinander verbindet.
Alles was wir hier tun ist: Punkte vereinen. (Dies ist eigentlich alles, was ich in den letzten 30 Jahren getan habe – Das Verbinden von Punkten – so ist die KUNST DER ZAHLEN im Grunde entstanden)

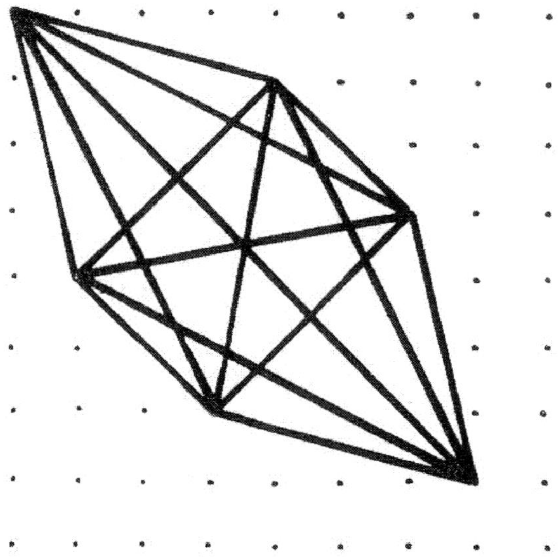

Abb. 10a

Das Muster „Aller Einer", das entstanden ist indem wir die Punkte miteinander verbunden haben, formt ein Einheitsfeld der EinHeit, so wie Jedermann mit Allen anderen verbunden ist.

Und so ähnlich sieht es bei „All den Achten" aus, die in Abb. 10b dargestellt sind. Wir können nun das Muster mit dem soeben kreierten vergleichen:

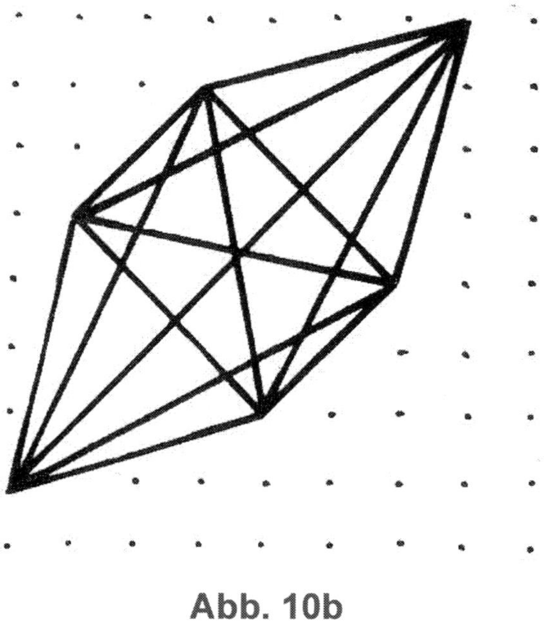

Abb. 10b

In der Abb. 10b sehen wir das Muster „All der Achten", welches durch einfaches Punkteverbinden entstanden ist. Jede Acht ist mit jeder anderen Acht verbunden.

Wenn wir in unseren Chemiebüchern stöbern, können wir sehen, dass diese oktaedrische Form (Der Oktaeder ist einer der 5 Platonischen Festkörper, bestehend aus einer vierseitigen Doppelpyramide, deren Grund quadratisch ist, außerdem besitzt er 8 Dreieckige Flächen) die gleiche Form besitzt wie der Rutile Kristall.
(Der Rutil kann im Sand von weißen Stränden gefunden werden und wird oftmals als schwarzer Streifen in diesem weißen Sand identifiziert. Er ist ein sehr gefragtes Mineral, welches Verwendung findet in Satelliten und anderen anspruchsvollen Technologien. Bedauerlicherweise begannen große Firmen in Scott´s Head, einer australischen Küstenregion, illegale Operationen, um den wunderbaren Rutile Kristall in großen Mengen aus dem Sand zu bergen. Sie wurden jedoch von Umweltaktivisten an ihrer Arbeit gehindert, die inbrünstig die Zerstörung ihrer reinen Strände aufhalten wollten).

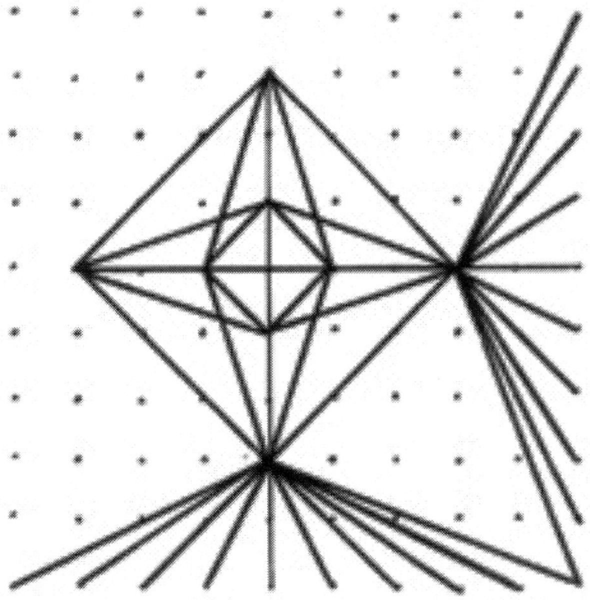

Abb. 11

Muster „Aller Nullen" wie es in einer typischen 10 x 10 Multiplikationstabelle gefunden wird, es zeigt eine kristalline, oktaedrische Form, die Ähnlichkeit mit der atomaren Struktur der Rutile Kristalls hat.

- DRITTER TEIL -
Die ÜBER-LAGERUNG von „ALL DEN EINEN“ mit „ALL DEN ACHTEN“ formen die ATOMARE STRUKTUR des PLATIN KRISTALLS

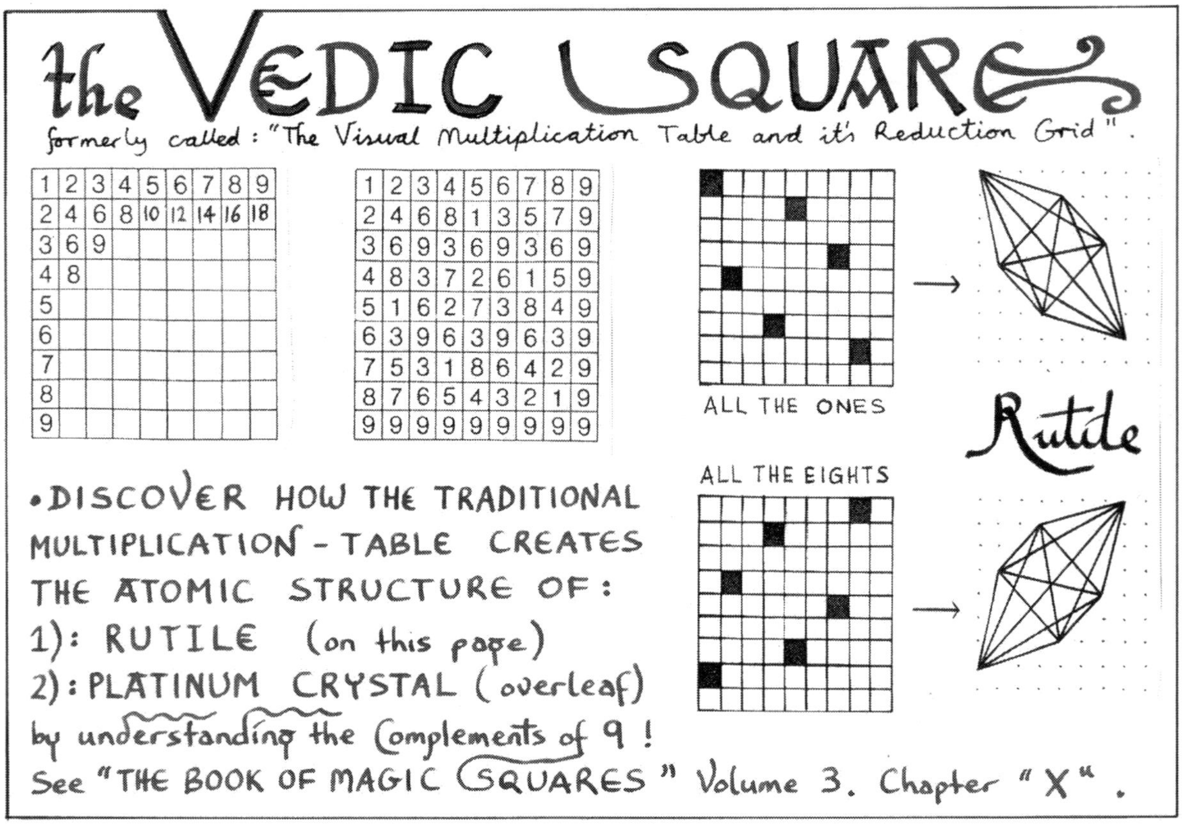

Abb. 12

Diese Seite zeigt eine Zusammenfassung, von all dem, was wir gerade zu begreifen versucht haben, durch isolieren von „All den Einen“ und „All den Achten“.

(Dieses Bild wurde einem meiner ersten Bücher „The Book Of Magic Squares, Vol.3 entnommen)

In diesem Teil, werden wir diese zwei Abbildungen übereinander gelagert, darstellen.

Erster Schritt: Ziehe eine Linie, in einer beliebigen Farbe, wie z.B. rot und verbinde alle Punkte mit einer Eins miteinander – dies symbolisiert die „Ein-Heit".

Zweiter Schritt: Ziehe nun eine Linie mit einer anderen Farbe, z.B. blau und verbinde alle Achter-Punkte miteinander – dies symbolisiert wiederum die „Acht-Heit".

Abb. 13
Übereinander Lagerung der „1"er und „8"er

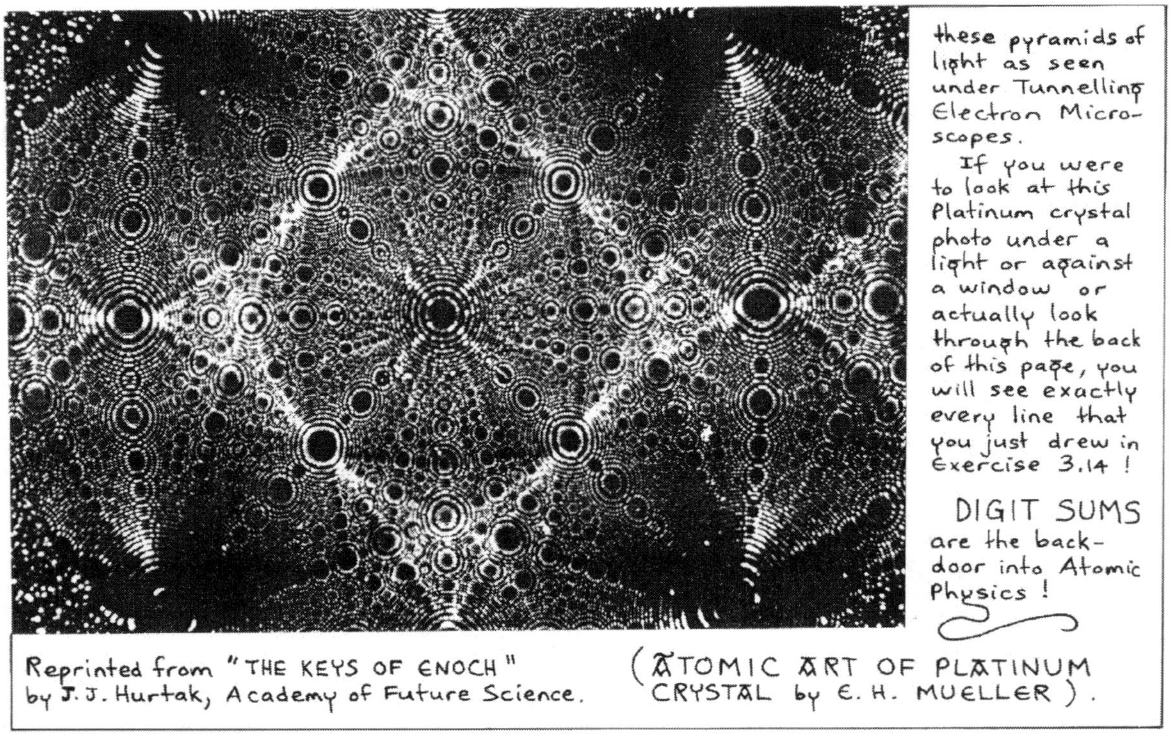

Abb. 14

Die atomare Struktur des Platin Kristalls, entstanden durch die Überlagerung von „1“ en und von „8“ en aus der digital komprimierten sichtbaren Multiplikationstabelle.

(Bild entnommen aus „Die Schlüssel von Enoch“ von JJ Hurtak, Akademie der zukünftigen Wissenschaft, fotografiert von E.H. Müller)

Das in Abbildung 13 dargestellte Diagramm oder Yantra entspricht genau diesem Bild atomarer Kunst. Wenn Du diese Abbildung genau betrachtest, kannst Du erkennen, dass jede einzelne Linie mit den Linien aus Abbildung 13 übereinstimmt.

Diese Fotografie entstammt aus einer gesperrten Internet Seite.

Zum ersten Mal ist es Menschen gelungen ein Atom erfolgreich zu fotografieren! Atome können als kleine Ringe aus konzentrischen Kreisen gesehen werden.

Dieses Bild ist dazu bestimmt, die pyramidale Natur des Lichtes beinahe einzufangen.

Abb, 15
Ein sehr seltenes, jedoch historisch sehr bedeutendes Bild, aus den 1950er Jahren. Müller deutet auf einen Abschnitt, des 750.000 mal vergrößerten Platin Kristalls.

Abb. 16
Ein Wandbild der Kombinierten „1"er und „8"er, gemalt von Jain im Jahre 1984 – Durchmesser 2 x 2 Meter, repräsentiert die atomare Struktur des Platin Kristalls.

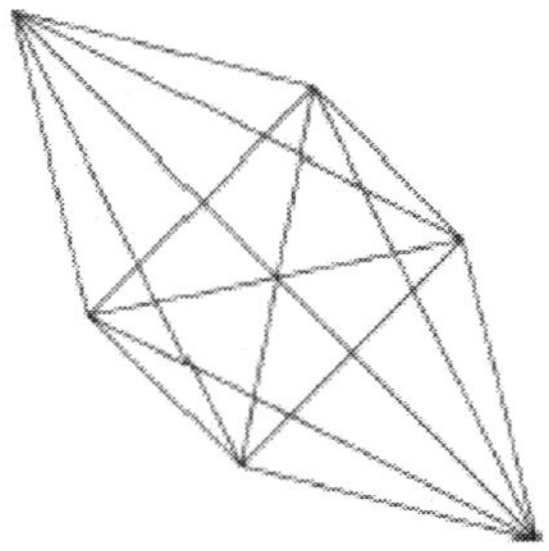	+	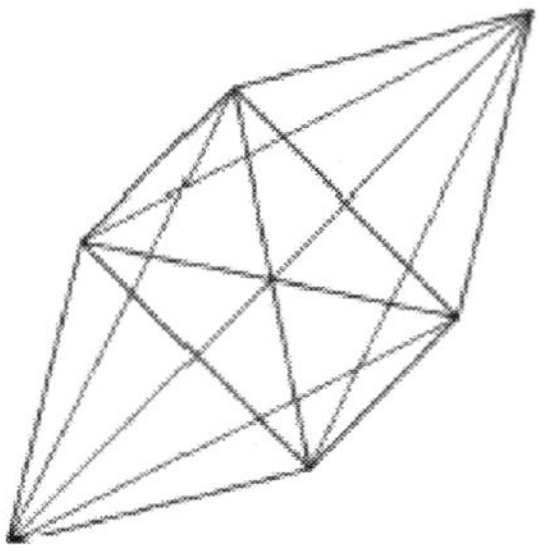	= 9
All The Ones		All The Eights	
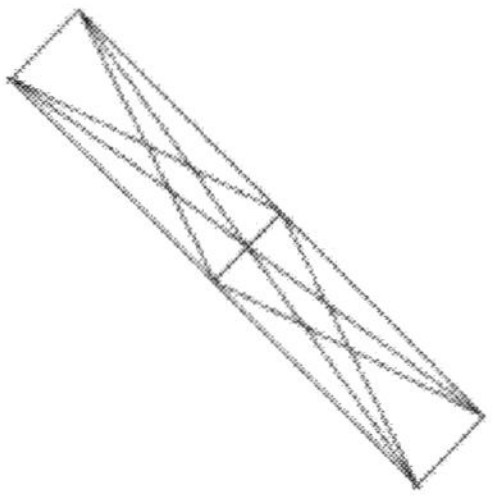	+	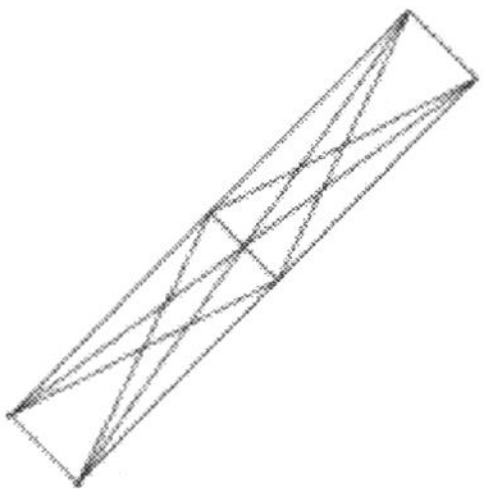	= 9
All The Twos		All The Sevens	
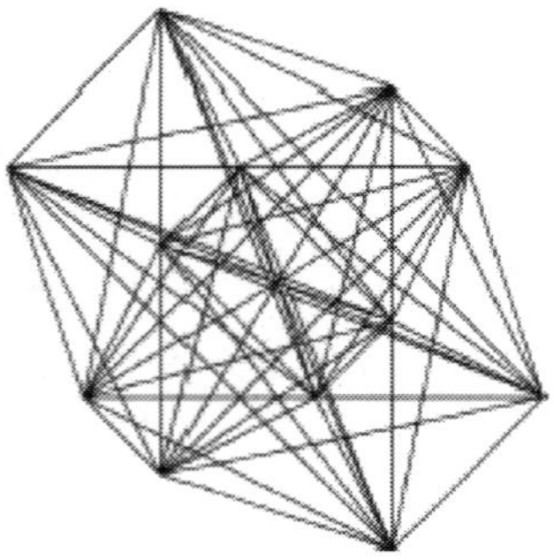	+	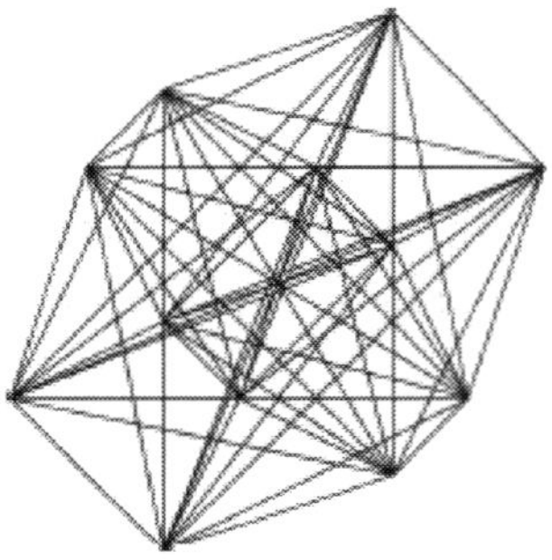	= 9
All The Threes		All The Sixes	
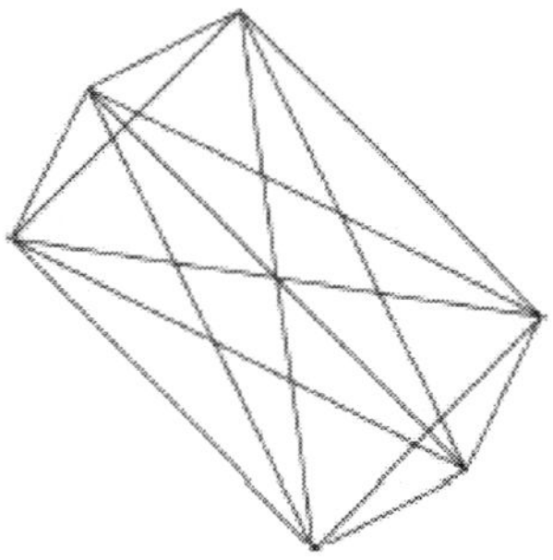	+	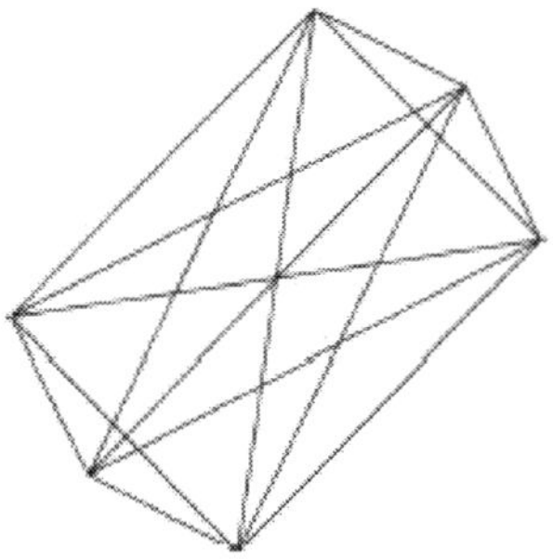	= 9
All The Fours		All The Fives	

Abb. 17a

Tabelle Aller Paare aus der sichtbaren Multiplikationstabelle, die in ihrer Summe 9 ergeben. (Einer und Achter, Zweier und Siebener, Dreier und Sechser, Vierer und Fünfer – von oben nach unten)

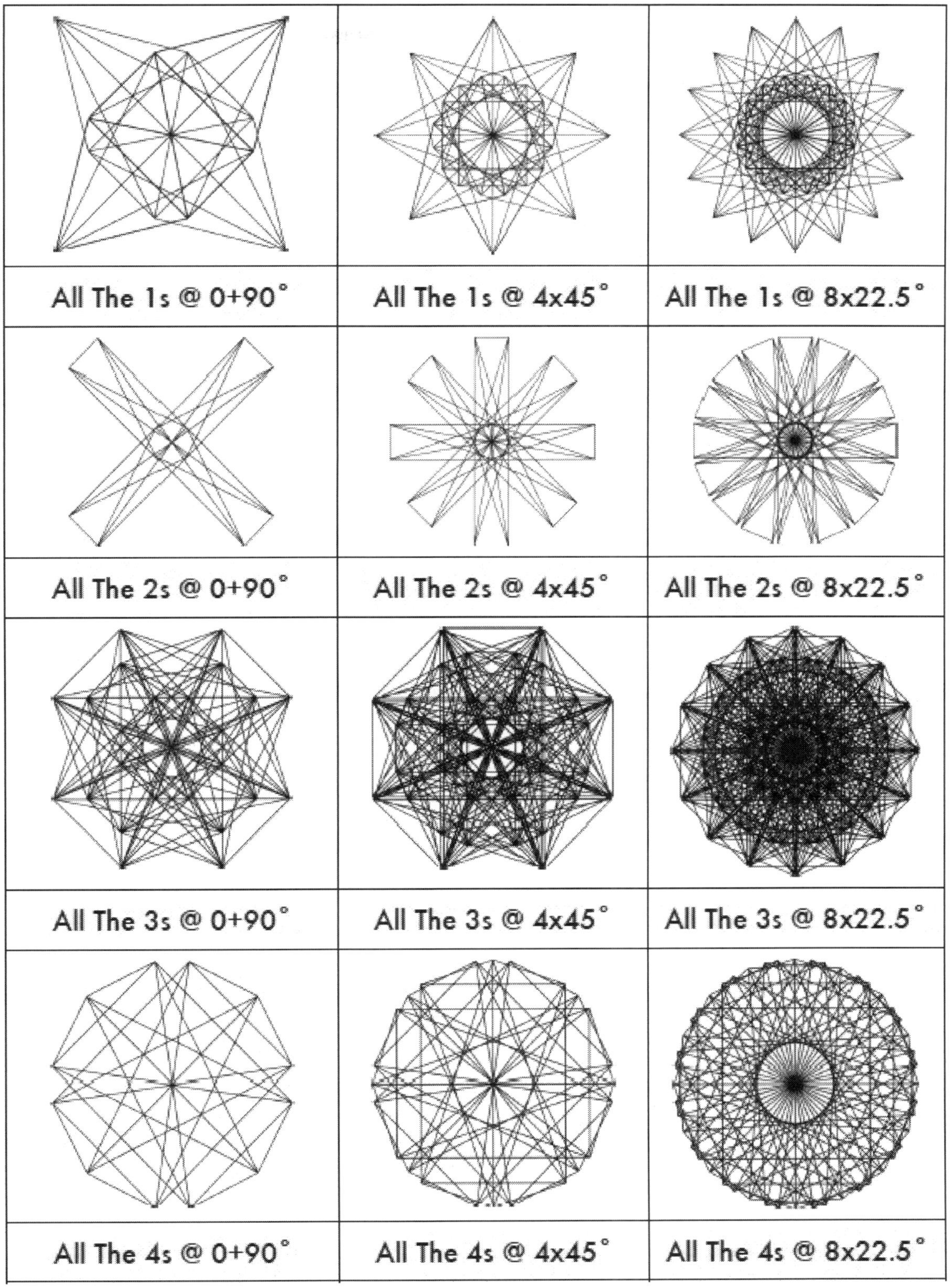

Abb. 17b

Tabelle aller Paare der sichtbaren Multiplikationstabelle, rotiert und übereinander gelagert. Jeweils 2 x, 4 x und 8 x.

Abb. 17c

All die 1er @ 12x15

Primzahlkreuz inspiriert durch die vorherige Tabelle (17b), zeigt uns ALL die Einer der sichtbaren Multiplikationstabelle, rotiert und übereinander gelagert bei12x15 Grad

(Da das Rad aus 24 aufgeteilt in einen 360° Kreis - 15° ergibt).

Dies ist ein sehr wertvolles und höchst psycho-aktives Yantra (Diagramm oder Power Kunst), welches für zukünftige Technologien verwendet werden kann.

Auf der einen Seite, können wir der vedischen Mathematik oder der schnellen Kopfrechnung einen grünen Überzug geben, der mit der Basis 10 wunderbar funktioniert. Es löst Rechenaufgaben sehr einfach, darum können wir sagen, dass DIE MATHEMATIK DER ERDE die BASIS 10 BESITZT.
Auf der anderen Seite können wir behaupten, dass die GALAKTISCHE MATHEMATIK die BASIS 9 besitzt. Zusammen mit ihrem Partner der 12, können wir schlussfolgern:
BASIS 9 und 12 sind GALAKTISCHE GRUNDWERTE. (12 x 9 = 108)
Teil unserer Vision hier in unserem Tempel der Mathematik (EarthHeart), ist sicherzustellen, dass alle Kinder die Chance erhalten genauso viel über die Basen 9 und 12 zu lernen, wie sie in den Regelschulen mit dem Basiswert 10 arbeiten.

Abb. 18

„ALLE EINER PUNKTE“ 4 mal bei 45° rotiert

Dieses Muster kannst Du in Deinen Lieblingsfarben ausmalen. Du hältst nach zwei Dingen Ausschau – Farben und Formen. Oftmals ist das Ausmalen eines Yantra´s wie diesem, eine Reflektion Deines eigenen Aura-Feldes.

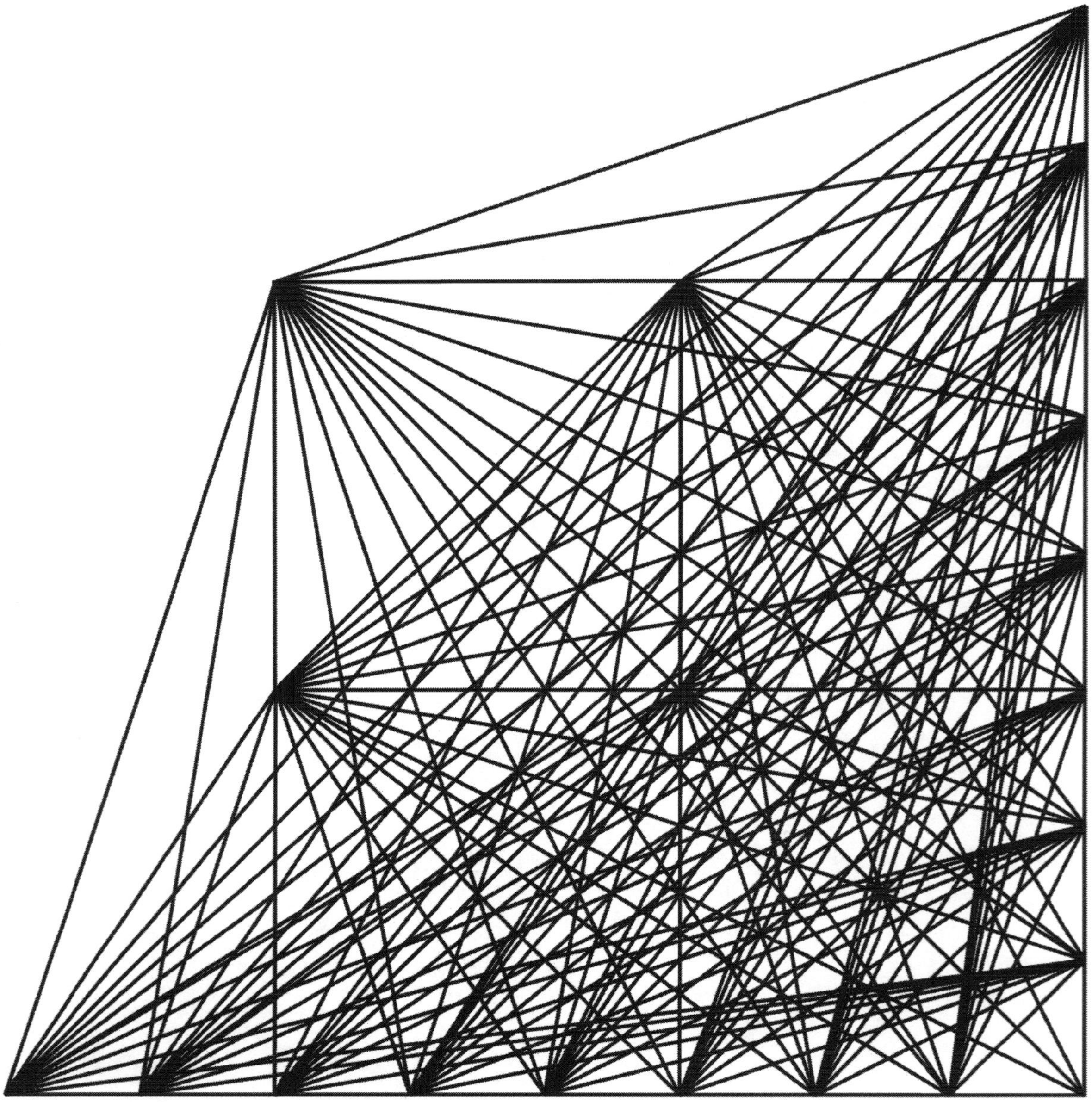

Abb. 19

„All die Neuner" der sichtbaren Multiplikationstabelle, alle 9er Punkte wurden systematisch miteinander verbunden. Dies erschuf ein Einheitsfeld der Neun-Heit. (Computergeneriert)

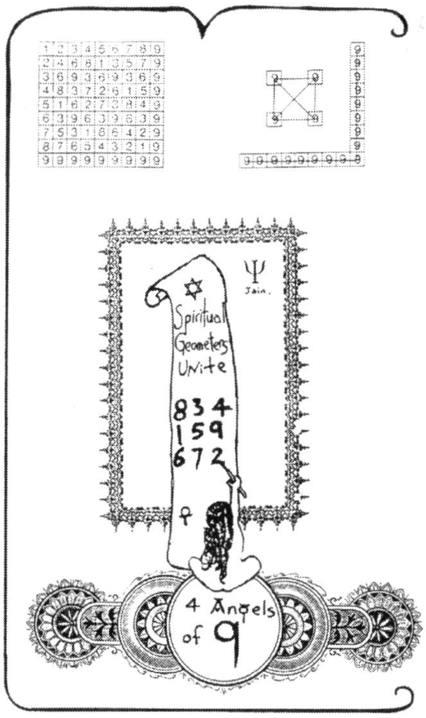

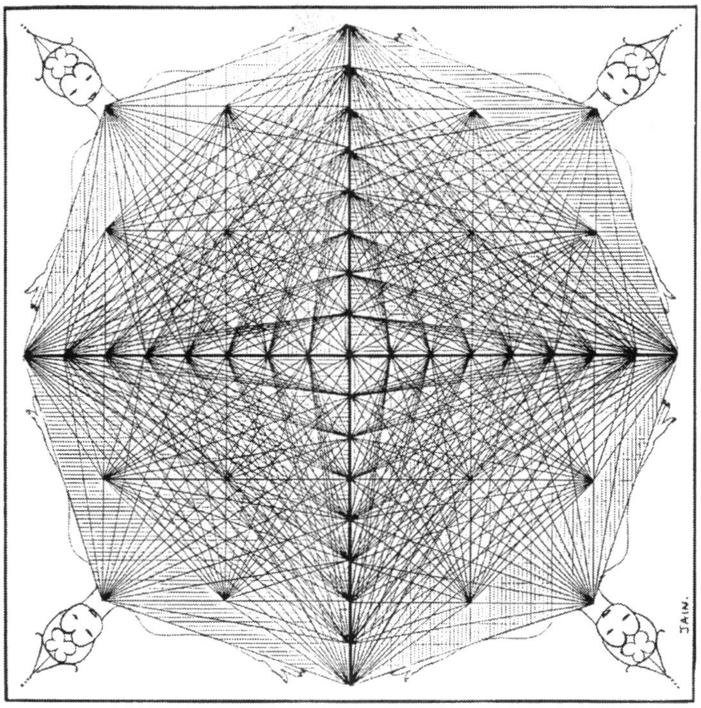

20 of 27

59

Abb. 19a

„DIE VIER ENGEL DER 9“

(Handgemalt von Jain 108 circa 1985)

Hier haben wir „Alle Neuner“, die 4 mal mit diversen 90° Rotationen gekachelt bzw. gefliest wurden, um den 4 Erden-Engeln einen kreativen Ausdruck zu verleihen.

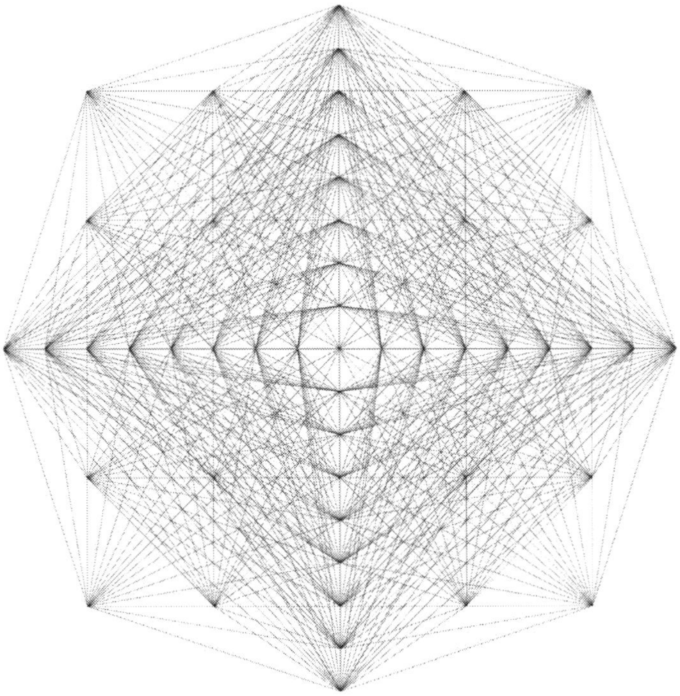

∞ 4.Kapitel ∞

Die FIBONACCI ZAHLEN generieren die PHI-Spirale

+ Verlorene Geheimnisse des 108 PHI CODES

KAPITEL INHALT

ERSTER TEIL

WAS DU BEREITS ÜBER DIE PHI und die FIBONACCI SEQUENZ weißt

ZWEITER TEIL

WAS DU noch NICHT über die PHI und FIBONACCI SEQUENZ weißt:
Jain´s Entdeckung des sich wiederholenden 24er-Musters

DRITTER TEIL

(im Lehrerhandbuch gibt es hierzu mehr Informationen)
WAS DU über die PHI und FIBONACCI SEQUENZ wissen solltest
Der ZEIT CODE 12:24:60 verschlüsselt in der FIBONACCI SEQUENZ und in PASCAL´S DREIECK

VIERTER TEIL

(im Lehrerhandbuch gibt es hierzu mehr Informationen)
Der BINÄRE CODE vs. Der PHI CODE

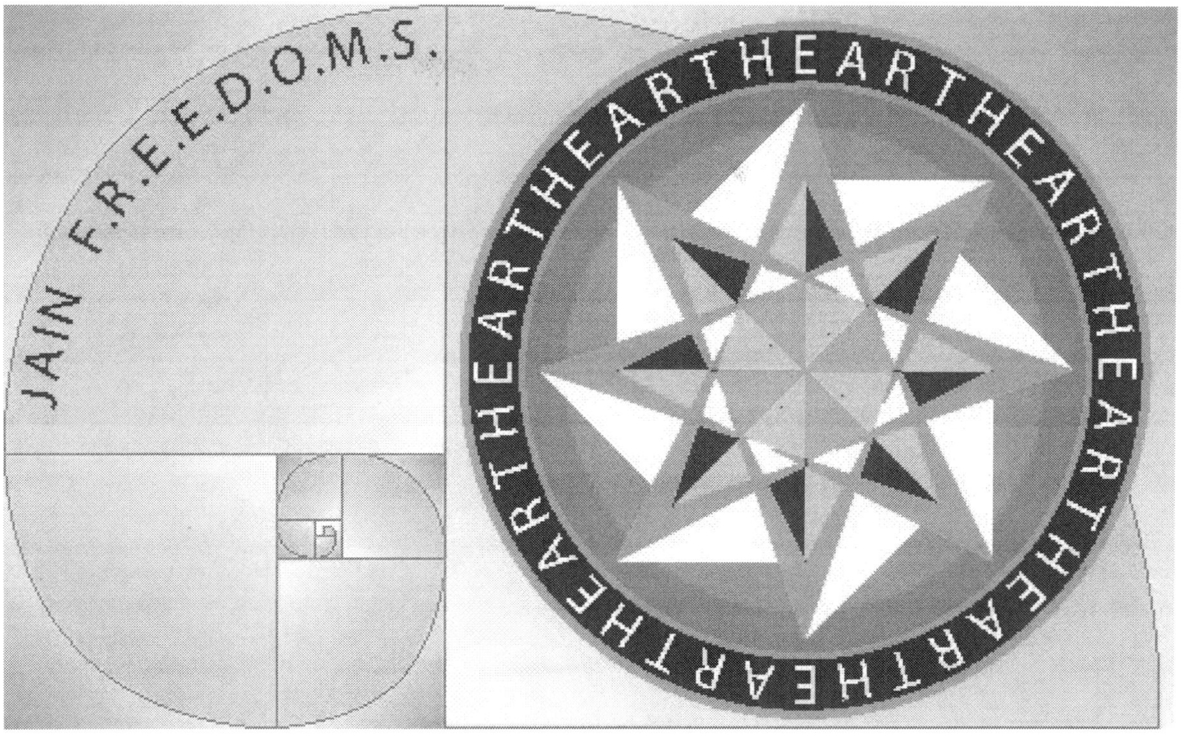

- 1. TEIL -

WAS DU BEREITS ÜBER DIE PHI und die FIBONACCI SEQUENZ weißt

Viele Menschen sind sich heutzutage der Wichtigkeit der Fibonacci Reihe bewusst, dies haben wir nicht zuletzt dem berühmten Bestseller „Der Da Vinci Code" von Dan Brown zu verdanken. Es spielt eigentlich keine Rolle, ob die historischen Daten in diesem Buch korrekt waren oder frei erfunden wurden, wichtig ist der Einfluss dieses Buches auf das Kollektive-Bewusstsein. Da dieses Buch so erfolgreich war, gehe ich davon aus, dass mehrere Millionen Menschen, den einst sehr bekannten Begriff Fibonacci Zahlen Sequenz, schon mal gehört haben:

0, 1, 1, 2, 3, 5, 8, 13, 21, 34, 55, 89, 144 etc.

Ihr Ursprung beginnt bei den Zahlen 0 und 1, der Grundlage der binären Sprache aller Computersysteme, und der Addition genau dieser Zahlen:

0 + 1 = 1

Das Ergebnis liefert uns die dritte Zahl in der Sequenz: 0, 1, 1,
Anschließend addierst Du die vorherige „1" zu der letzten „1" und Du erhältst: 1 + 1 = 2 dies ist wiederum die 4. Zahl in der Reihe: 0, 1, 1, 2,
Es ist, als ob man die Vergangenheit und die Gegenwart addiert, um die

Zukunft zu erhalten, eine wahrhaftige Dreifaltigkeit von Zahlen, die uns wiederum die nächste Zahl liefert:
1 + 2 = 3 und die Sequenz wird folgendermaßen erweitert 0, 1, 1, 2, 3, usw.

Unsere Aufgabe ist nun, diese Fibonacci Zahlen in Kunst zu verwandeln.

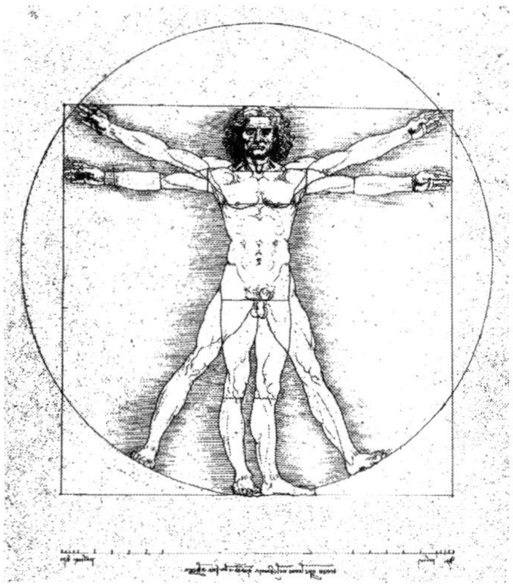

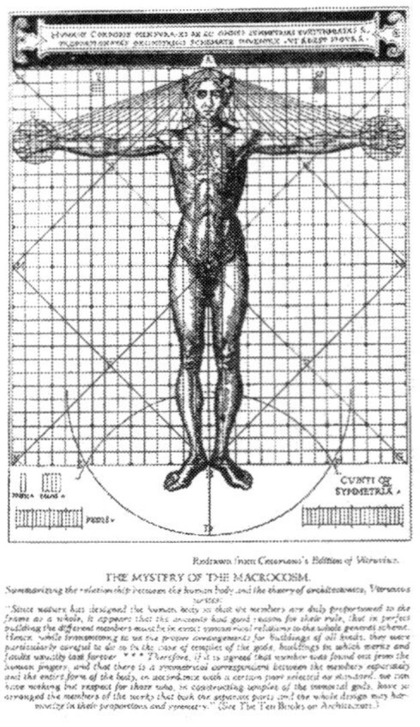

Abb. 1

Der menschliche Körper ist die ultimative Darstellung des Goldenen Schnitts. An der Stelle, wo der Ellbogen sich beugt, ist im Verhältnis zur gesamten Armlänge, das Göttliche Maß, mathematisch ausgedrückt als 21:34 der Fibonacci Sequenz.

(Auf der rechten Seite sehen wir eine Abbildung des Vitruvianischen Menschen, entnommen aus dem Buch „Geheime Lehren aller Jahrhunderte“ von Manly P Halls)

Wenn wir diese Verhältnisse dezimalisieren, nähern wir uns folgender Zahl: 1.618033988... welche bis zur Unendlichkeit reist. Diese Beziehung, der Einheit gegenübergestellt, nennen wir auch den Goldenen Schnitt oder PHI RATIO: 1 : 1.618033988... dieser Zahlenwert wird mit einem griechischen Buchstaben ausgedrückt, der einem „f“ ähnlich klingt und „Phi“ oder „ϕ“ genannt wird (wobei die meisten Menschen mit dem „p“-klang der griechischen Sprache vertraut sind und es „Pi“ nennen oder „π“). Einige sprechen das Wort „Phi“ fälschlicherweise als „Fii“ und genau aus diesem Grund erkläre ich das Alles hier, um für die zukünftigen Generationen klarzustellen, wie es richtig ausgesprochen wird.

Der Goldene Schnitt ist die lebendige Mathematik der Natur.

Wir sehen diese Fibonacci Zahlen in zahlreichen Blumen, wie z.B. der Maracuja; wir sehen sie im Kieferzapfen, 8 Spiralen, die in eine Richtung verlaufen, unterbrochen durch 13 Spiralen, die in die andere Richtung laufen und in der Sonnenblume finden wir 21 Spiralen im Uhrzeigersinn und auf der anderen Seite 34 gegen den Uhrzeigersinn.

Abb. 2

Computerdarstellung der Sonnenblume, mit zwei eindeutigen Spiralen:

34 gegen den Uhrzeigersinn und 21 im Uhrzeigersinn.

Das Psycho-Aktivste Diagramm das ich kenne, aus meinen 30 Forschungsjahren, ist dieses Bild, welches zwei gegenläufige Felder darstellt, das Gesetz der Natur und des Universums.

(dies zeigt uns eine wunderschöne computerisierte Darstellung aus dem Buch von Robert Dixon, p364image „Sonnenblumen Scheibe Phyllotaxis mit s-förmigem Wachstum“)

Wir sehen diese Zahlen auch als ungefähre Entfernung der Planeten zur Sonne die wissenschaftlich als Bode´s Gesetz bezeichnet wird. Warum werden wir von Ehr-Furcht ergriffen, wenn wir heilige Architektur bewundern, wie das Parthenon in Griechenland oder die Pyramiden von Gizeh. Der Grund ist ganz einfach ihre Form: Die Fassade des Parthenons ist ein Goldenes Rechteck, mit den Proportionen 21:34, welche identisch sind mit den Verhältnissen im menschlichen Körper, der Stelle an der die Ellbogen sich beugen oder die Knie angewinkelt werden. Diese Tempel reflektieren die uns innewohnende Symmetrie und somit sehen wir wortwörtlich UNS SELBST, wenn wir diese wunderbaren Gebäude betrachten, die genau mit diesem Bewusstsein kreiert wurden.

Tausende von Jahren hindurch, verwendeten großartige Künstler diese Fibonacci Reihe als eine Art Blaupause für ihre Leinwände. Das ist der Grund, warum wir uns zu den Maßen der weltberühmten Mona Lisa derart hingezogen fühlen. Das äußere Rechteck, welches ihre Form beinhaltet enthält die Blaupause des Goldenen Schnitts oder das Phi Rechteck mit einem Wert von 21:34. Tatsächlich wurde sie zum globalen Abbild des Goldenen Schnitts gekürt.

Als ich 1990 in Tibet mit einem Künstler der Thangkas (heilige Bilder von Buddha) malte, bemerkte ich sein Buch, welches als Grundlage, für all seine Messungen diente. Als Grundlage verwendete er die Fibonacci zahlen, die zu einer Gesetzmäßigkeit führten, dass jeder Buddha in einem Phi-Rechteck gezeichnet werden müsse, da er sonst negative Energie ausstrahlen würde. Ein klassisches Buch zu diesem Thema, welches Dich mit dem allgemeinen Goldenen Schnitt der Natur bekannt macht, ist:
„Die Kraft der Grenzen“ von Gyorgy Doczi, mit den Untertiteln: Proportionale Harmonien in der Natur, Kunst und Architektur, ein Beispiel des Buddhistischen Kanons befindet sind unten:

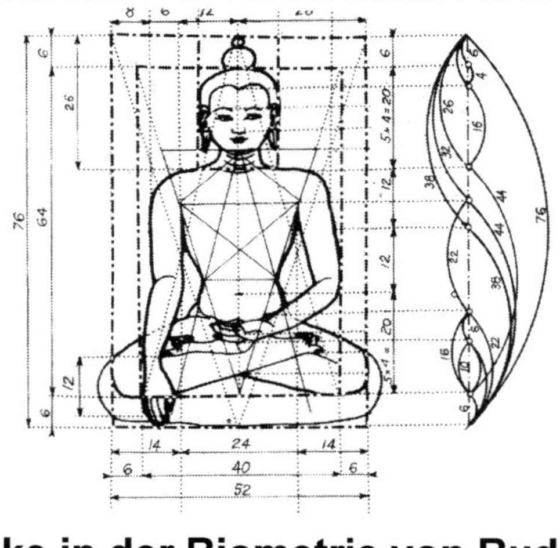

Abb. 3

3 Goldene Rechtecke in der Biometrie von Buddhas Proportionen

Nun kommen wir zu einem sehr kraftvollen oder psycho-aktiven Diagramm, das nicht nur das Bewusstsein verändern kann, sondern auch die Weltsicht eines Wissenschaftlers (sachliche Messungen der DNS-Spirale) mit der eines Metaphysikers (jemand der die Wichtigkeit des Phi Ratio intuitiv versteht), vereinen kann. Dieses „Brückenschlagen" zwischen zwei Welten, ist eine Reflektion der Geschehnisse dieser Welt. Wenn wir die verwundenen DNA Moleküle betrachten, wie sie in einen Zylinder passen, und die kritische Entfernung von einem Atom messen, bis es sich nach einer kompletten Rotation bzw. Umdrehung, wieder auf seiner Position befindet, um seine zentrale Achse herum, so wie es ein spiralförmiger Rebstock tun würde, fanden unsere lieben Wissenschaftler heraus, das der Durchmesser genau 20 AU (Angstroms Units = ein zehn-millionstel eines Meters) und die vertikale axiale Entfernung 34 AU betrug. Sicherlich bemerkst Du jetzt, dass das Verhältnis 20:34 fast identisch ist mit dem Phi Ratio 21:34. Metaphysiker sind fasziniert von der Phyllotaxis der DNA und der Mathematik der DNS, die sich dem Goldenen Schnitt nähert. Sie vermuten, dass wir uns momentan nicht in der Phi Ratio befinden, aber dabei sind uns zu diesem Idealzustand hin zu entwickeln.(Eine paranoidere Interpretation wäre, dass Jemand, bzw. eine andere Rasse, in unserer fernen Vergangenheit, uns Menschen als Sklaven in Goldminen erschaffen hat, durch Außerirdische Meister der Gen-Manipulation entwickelt, welche unseren Planeten aufgrund unserer DNA geerntet haben und uns genetisch genau so erschaffen haben). Dies ist einer der Gründe, weshalb Heilige Geometrie so wichtig ist, um Fragen zu stellen und Brücken zu bauen, zwischen Glauben, Wissen und der Geschichte wer wir wirklich sind.

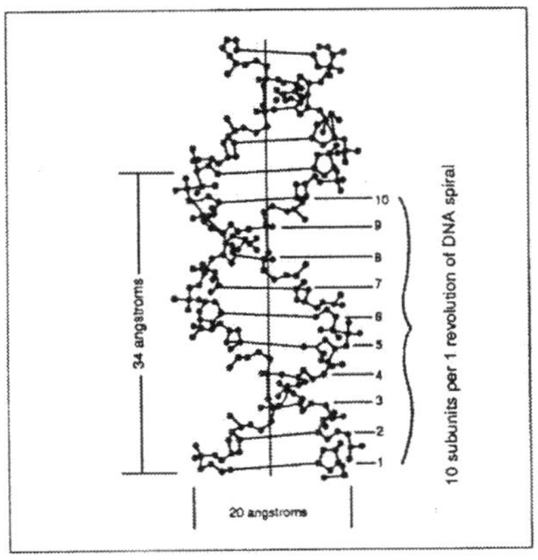

One 360 degree turn of DNA measures 34 angstroms in the direction of the axis. The width of the molecule is 20 angstroms, to the nearest angstrom. These lengths, 34:20, are in the ratio of the golden mean, within thelimits of the accuracy of the measurements. Each DNA strand contains periodically recurring phosphate and sugar subunits. There are 10 such phosphate-sugar groups in each full 360 degree revolution of the DNA spiral. Thus the amount of rotation of each of these subunits around the DNA cylinder is 360 degrees divided by 10, or 36 degrees. This is exactly half the pentagon rotation, showing a close relation of the DNA sub-unit to the golden mean.

Abb. 4

DNA Molekül, während es sich Helix-förmig dreht, zeigt es uns ungefähr das Phi Ratio 21:34

Wenn wir nun die Fibonacci Zahlen in 2-dimensionale Quadrate umwandeln, passen sie behutsam in das Goldene Rechteck, wessen nachfolgende Viertel-Kreis-Bögen die wohlbekannte Goldene Schnitt Spirale formen.

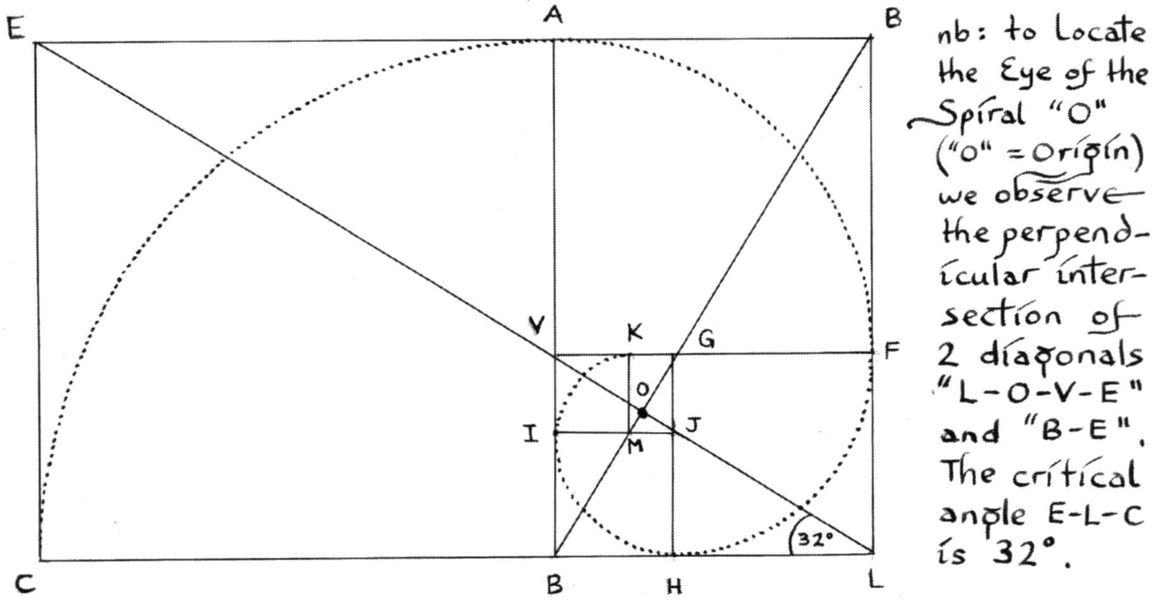

Abb. 5

Die Fibonacci Zahlen können auch als Vierecke dargestellt werden.
Jedes Viereck produziert einen Viertel-Kreis-Bogen.
Die Form, die alle anderen Formen zusammenhält, auch die Goldene Schnitt Spirale, nennt sich: Goldenes Phi Rechteck.

Dies ist die Darstellung der Logarithmischen Spirale, die aus dem Muschel-Wachstum bekannt ist.
Sukzessive Stadien des Wachstums, sind durch „drehende Vierecke" und goldene Rechtecke markiert. Man kann beobachten wie sie harmonisch progressiv wachsen, vom Zentrum „0" nach Außen hin.
Um das Auge der Spirale „0" zu lokalisieren, beobachten wir die senkrechte Kreuzung der zwei Diagonalen: L-O-V-E und B-E.
Der entscheidende Winkel E-L-C liegt bei 32°.

Abb. 6

Wenn Du jedes flache Quadrat der Fibonacci Reihe als Würfel darstellst, würdest Du aus der 2-Dimensionalen, flachen Form, eine 3-Dimensionale Form kreieren. Dieses Muster der Meeresmuschel ist dem des Horns von Ram sehr ähnlich.

Abb. 6a

Wenn wir die Fibonacci Zahlen in 3-Dimensionale Würfel verwandeln,
passt die entstandene Kurve, wie eingebettet in das bekannte Muschel-Muster.

Constant = 1.08

(Diese Information wurde zum ersten Mal in einer Dokumentation zum Thema Zahlen „The Code“, bekannt. Geführt durch Professor Marcus du Sautoy, in England. (www.bbc.co.uk/code) Diese Dokumentation dauert drei Stunden und besteht aus drei Teilen.)

Im Zweiten Teil in Minute 45 : 36, hält er eine Nautilus Muschel in der Hand, die genau in ihrer senkrechten Achse durchgeschnitten ist (siehe Abb. 6a), zu erkennen sind die Kammern, die jedes Jahr wachsen und er beginnt jede Kammer mit einem digitalen Lineal zu messen, auf mehrere Dezimalstellen genau. Er präsentiert seine Ergebnisse und seine Daten zeigen, dass es eine konstante Rate des Wachstums gibt. Er teilt anschließend jedes Ergebnis, mit dem des letzten Jahres und erhält jedes Mal die gleiche Ziffer. Es wiederholt sich stetig: **1.08** !!!

Nachfolgend in der Tabelle findest Du Daten, die von Jain bestimmt wurden, beginnend mit der idealisierten Länge von 1.
(In der Dokumentation, war die erste Einheit 3.07, dann 3.32, und auch hier kann man erkennen, dass 3.32 ÷ 3.07 = 1.08 ergibt.)

KAMMER LÄNGEN DER NAUTILUS MUSCHEL enthüllen uns die Konstante 1.08 beginnend mit der idealisierten Zahl 1		
1	1.08 ÷ 1	= 1.08
1.08	1.1664 ÷ 1.08	= 1.08
1.1664	1.259712 ÷ 1.1664	= 1.08
1.259712	1.36048896 ÷ 1.259712	= 1.08
1.36048896	1.469328077 ÷ 1.36048896	= 1.08
1.469328077	1.586874323 ÷ 1.469328077	= 1.08
1.586874323	1.713824269 ÷ 1.586874323	= 1.08
1.713824269		

Abb. 7

Im Laufe der Zeit wurde dieses Symbol der 3-Dimensionalen Phi Spirale unglücklicherweise verteufelt. Es fand seinen Platz in den zwei geschwungenen Hörnern des christlichen Teufels, um die heilige Göttlichkeit der Spiralen mit der Energie der Angst zu brandmarken. Angst bedeutet, dass wir keinen Zugang haben, zu dem Wissen, das mit diesem besetzten Symbol verbunden ist. Somit bleiben wir im dunklen Zeitalter gefangen bis das Bewusstsein beginnt zu erwachen, genau wie es jetzt in der heutigen Zeit geschieht.

(F.E.A.R. kann auch verstanden werden als **F**alse **E**vidence **A**ppearing **R**eal (Falsche Beweise wirken echt)

Abb. 8a

Abb. 8b

Das Pentagramm verbirgt in sich über 200 Ausdrucksformen der 1 : 1.618 in seiner einfachen Geometrie. Überall dort, wo zwei Linien sich kreuzen, sind die Fibonacci Zahlen in diesen Proportionen versteckt. Wenn Du ein kleineres Pentagramm in das Große hineinzeichnest, wird es in einem Verhältnis von 1.618 reduziert bzw. komprimiert. Und so geht es bis in die Unendlichkeit weiter, entweder es verschwindet als kleines Mikroatom oder es vergrößert sich in das Makro Universum hinein.

Die Abbildung 8b zeigt die traditionelle 15te Karte des Fez Moroccan Tarot Decks. Man sieht hier zwei Menschen, die für die Kraft des umgedrehten Pentagramms, welches an der Stirn des dämonisierten Pans sitzt, der im Grunde genommen der griechische Gott der Natur und des Landes ist, angekettet sind.

Das Pentagramm ist in der heiligen Geometrie als der männliche Aspekt bekannt, da es ausschließlich aus geraden Linien besteht. Wenn wir jedoch Yantras oder Kraftdiagramme zeichnen, die Kurven beinhalten, wie z.B. in Abbildung 2, nennen wir dies wiederum den weiblichen Aspekt.

Das ultimative Symbol der Phi-Ratio ist das Unbekannte Pentagramm.

Alle existierenden Proteine haben die Form eines Fünfsterns.

Der Dodekaeder ist die 3-Dimensionale Form, des 2-Dimensionalen Pentagramms. Eine Form, mit der man in Resonanz gehen kann, bekannt als das 5.Element des Ethers oder des Geistes, der Wichtigste der 5 Platonischen Festkörper: **DER DODEKAEDER** (Ein 12-Flächiger Polyeder mit 12 Pentagonalen Seiten, in dem alle Linien, alle Winkel und alle Flächen gleich sind und die 20 Ecken allesamt die Kugel berühren)

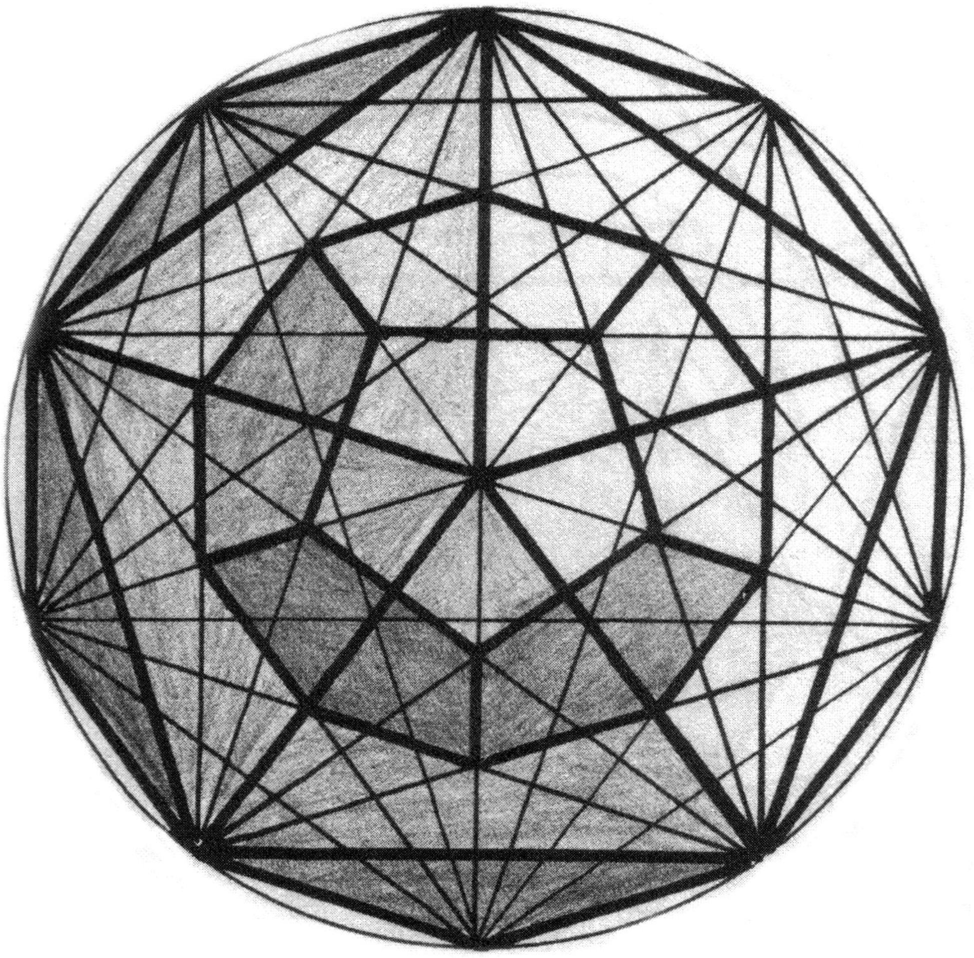

Abb. 9

Unendliche 1.618 Serie des Dodekaeders (12 Pentagramme) und seine Beziehung zum Ikosaeder (20 Gleichwinklige Dreiecke)

Abbildung 9 zeigt uns die unendliche Serie des Dodekaeders, der sternförmig, einen Ikosaeder mit 20 Gleichwinkligen Seiten bildet. Wenn dieser Ikosaeder sternenförmig verändert wird, entsteht wieder ein Dodekaeder. In diesem Prozess, der niemals endet, vom Atom bis zur Galaxie, werden Formen und Größen verändert, was den Schlüssel zur Alchemie darstellt, aber die Wellenlänge von 1.618033 bleibt stetig bestehen.

Abb. 9a

Der STERNENFÖRMIGE DODEKAEDER, der uns die 12 Pentagonalen Pyramiden zeigt. Um ihre Magie zu entfalten, müssen die Stellationen im Ratio 1: 1.618... erfolgen, durch das Zusammenführen der 12 Spitzen oder Ecken, entsteht ein Ikosaeder

Dies nennt man **Maßstabs-Invarianz**, das soviel bedeutet wie: die Größe spielt keine Rolle, was wichtig ist, ist das Maß.
Wichtig ist auch zu wissen, dass das 10 seitige Diagramm in Abb. 9, der 3-Dimensioale Dodekaeder, einen 2 – D zehneckigen Schatten besitzt, in der Sprache der Heiligen Geometrie sagen wir kurz „**Die Ansicht zehn des Dodeka**".
Die meisten Menschen wissen, dass eine Kreditkarte wie angegossen in ihre Hand passt. Würden sie jedoch die Mathematik dieser Karte untersuchen und somit ihre Form, ergibt sich ein Phi Rechteck von genau 21:34.
Die Liste in der Phi in der Natur, in Kristallen oder im All auftaucht ist endlos. Nachdem Du diese Proportionen eine Weile studiert hast, beginnst Du sie überall zu sehen. Stelle sicher, dass auch Deine Kinder die Essenz der lebendigen Mathematik lernen.

- 2. TEIL -

WAS DU noch NICHT über die PHI und FIBONACCI SEQUENZ weißt:

Jains Entdeckung des sich wiederholenden 24er – Musters

Es gibt sehr viel Wissen über die Allwissende Phi-Spirale, aber auch das was Du noch nicht weißt, könnte von großer Bedeutung sein:

Tausende von Jahre hindurch wurde uns erzählt, das der Quotient Phi ein unendliches Dezimal darstellt, welches kein Ende hat und auch kein sichtbares Muster, (was auch stimmt), das seine Schwingung von 1.1618033988 immer weiter geht, wie eine sinnlose Zahlenfolge, wie das bekannte Pi mit dem Wert 3.141592 immer weiter geht ohne jegliche Symmetrie (was nicht ganz stimmt, denn es gibt ein verstecktes Muster welches ich JainPi = 3.144... genannt habe). Übliche Mathematik bringt Dich an einen gewissen Punkt des Verständnisses oder gibt Dir einen Rahmen, die Mathematik die Du heute kennenlernen wirst, ist eine höhere Ebene des Wissens und sprengt alle Rahmen, die Dich bisher vergessen haben lassen.
Unsere Augen sollten schärfer werden und eine Art Röntgenblick entwickeln, um in der Lage zu sein die innewohnende Ordnung im vorherrschenden Chaos wahrzunehmen.

Nun, die Wahrheit ist jedoch, dass wir durch die konventionellen Institutionen für dumm verkauft wurden. Die ultimative Definition des Goldenen Schnitts oder des göttlichen Quotienten Phi ist, dass sie eine reine, atemberaubende Symmetrie beherbergen, die eine Wellenlänge teilen, die von Atomen bis hin zu den Galaxien wandern kann, ohne zerstört zu werden. Unsterblich also. Nur der Quotient 1.618... ist fraktal genug um ein Überleben sicherzustellen. Es weiß, wie es **Selbst-Ähnlich** sein kann, **einbettbar** ist und wie es im Mikro und Makro Kosmos **rekursiv** wirkt. Daraus folgt, dass in dieser unendlichen Ziffer ein sichtbares, verstecktes Muster enthalten sein muss. Ein nutzvolles Bild in diesem Zusammenhang sind die Russischen Puppen, wo eine in die andere hineinpasst, von der Kleinsten bis zur Größten. Repräsentativ ist dies der Schlüssel zu unseren DNS-Molekülen und zu den Spiralförmigen Galaxien.
Lasst uns mal annehmen, jeder kennt die Fibonacci Reihe, aber keiner weiß wie diese Reihe mit Zeitreisen und dem wahren Zeit-Code in

Verbindung steht.
Es gibt 16 Vedische, mathematische Sutren und eine davon ist bekannt als „Digitale Kompression", was einfach bedeutet, dass wir alle Stellen addieren und somit die Quersumme einer Zahl erhalten. Wenn wir uns nun die ersten Fibonacci Zahlen ansehen: 1,1,2,3,5,8 stellen wir fest, das sie einstellig sind und nicht mehr komprimiert werden können. Kommen wir aber zur nächsten Zahl 13 können wir die Stellen wie folgt addieren:
1 + 3 = 4. Die nächste zahl ist 21,
2 + 1 = 3 usw.
Wenn wir nun die Zahlen der Fibonacci Reihe erfolgreich reduziert haben, ergibt sich folgendes Muster:

1, 1, 2, 3, 5, 8, 4, 3, 7, 1, 8, 9, 8, 8, 7, 6, 4, 1, 5, 6, 2, 8, 1, 9

Abb. 10
Die 24 sich unendlich wiederholenden reduzierten Ziffern der Fibonacci Reihe

Diese Sequenz ist immer noch eine bedeutungslose Zahlenabfolge aus 24 Ziffern, aber sie wird Sinn machen, wenn wir uns die nächsten 24 Stellen der Fibonacci Reihe vornehmen. Es passiert ziemlich magisch, die Quersummen der Fibonacci Reihe ergeben 24 Zahlen, die sich bis in die Unendlichkeit wiederholen:

Addierst Du die ersten 12 Stellen zu den darauffolgenden 12, und komprimierst das Ergebnis zu einer einzigen Zahl, wirst Du herausfinden, dass das Resultat die Zahl 9 ist.

DER PHI CODE aus 12 sich ergänzenden Paaren der 9												
Erster Satz aus 12 Zahlen	**1**	**1**	**2**	**3**	**5**	**8**	**4**	**3**	**7**	**1**	**8**	**9**
Zweiter Satz aus 12 Zahlen	**8**	**8**	**7**	**6**	**4**	**1**	**5**	**6**	**2**	**8**	**1**	**9**

Abb. 11
Die 12 sich ergänzenden Paare der 9 im Phi Code, welche die galaktische Mathematik der Basis 12 und 9 darstellt.

Die Summe der 12 Paare der 9 ist 108. (Welch Zufall, dass die Äußeren Winkel des Pentagramms 108 Grad besitzen!) Dies bedeutet, dass die Frequenz von 108, der versteckte Puls oder Rhythmus ist, welcher die Essenz der lebendigen Mathematik der Natur darstellt. Dies ist auch der Grund, weshalb die Veden diese Zahl als heilig ansahen und diese in ihren Rosenkranz aufnahmen, der aus 108 Perlen besteht. Auf ihm kann das bekannteste aller Mantren oder erleuchtenden Gebete, das Gayatri Mantra gesungen werden, welches aus 24 Silben besteht und üblicherweise 108 Mal gechantet wird. Was sonst verkörpert im mathematischen Sinne diese beiden Zahlen 24 und 108? Es kann nur die reduzierte Fibonacci Reihe sein.
Jains verlorengegangene Geheimnisse des Phi Codes beinhaltet die Lektion, die Fibonacci-Reihe zu „röntgen“: 0, 1, 1, 2, 3, 5, 8, 13, 21, 34, 55, 89, 144 etc., um den zugrundeliegenden Rhythmus des unendlichen Ausdrucks von Phi zu entdecken, eine klare Periodizität von 24 sich wiederholenden Zahlen, die durch das Auge des westlichen Mathematischen Auges nicht erkannt werden können. Einzig die Wahrheit der Vortex basierten Mathematik oder der vedischen Mathematik, kann dieses Phänomen sichtbar machen!
In Wahrheit geht dieses Wissen den Veden und Atlantis voraus und sollte daher Galaktische Mathematik genannt werden.
Dieses Lehrmaterial erschüttert die bisherigen Grundlagen der westlichen Mathematik bis auf die Grundfeste. Unsere derzeitige Sicht auf die Welt der Mathematik wird umgeschrieben und erfordert einen neuen Blick auf den Goldenen Schnitt: Seine Dezimalstellen ragen bis in die Unendlichkeit, jedoch enthält er auch eine sich wiederholende und selbst-ähnliche Schönheit. Wissenschaftler wie Naudin aus Frankreich

und der Metaphysiker Marko Rodin winden toroidale Spulen, die diesem Rhythmus oder Puls folgen, um mehr rauszubekommen als sie reingesteckt haben!
Vergiss nicht, dass wir uns am Ende fragen müssen, welche Form diese Qualität der 24 beinhaltet, welche Form 24 Gesichter hat und 24 Ecken. Es gibt nur eine Form, die diese Eigenschaften besitzt, und dies ist die atomare Struktur des Silikon Chips, welcher ein Sterntetraeder ist oder zwei sich gegenseitig durchdringende, sich vereinende Tetraeder, die als Basis vieler Kristalle gilt. Wenn Du alle 8 Spitzen miteinander verbindest, erhältst Du einen Würfel.

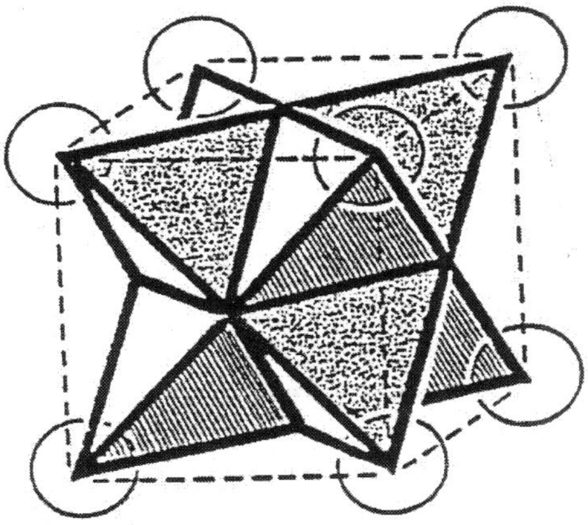

Abb. 12

Der Stern-Tetraeder, (mit seinen 24 Gesichtern und 24 Ecken), er stellt die 3-Dimensionale Form des Davidstern dar.
Seine Geometrie ist äquivalent zu der des Phi Codes, sie drückt auf präzise Weise die 24-heit aus, die in der Kompression der Fibonacci Zahlen zu finden ist.

Im Grunde genommen besitzt diese Form ein **Gedächtnis**. Die profunde Entdeckung ist ausschlaggebend für die Gründung einer mathematischen Verbindung zum Bewusstsein zwischen heiliger Geometrie und Interdimensionalen Zeitreisen. Diese Zahl 24, dieses Sternen-Tor, die Uhr aus 24 Stunden, ist was Einstein die 4.Dimension nannte: Zeit.

Falls diese Zahl „24" nun in einer anderen mathematischen Sequenz auftaucht, sei überzeugt, dass es kein einfacher Zufall ist.
Gemäß dem deutschem Chemiker Peter Plichta, kannten die Ägypter das Geheimnis des versteckten Musters hinter den Primzahlen. Stell Dir vor, Du zeichnest einen Kreis mit den Zahlen 1-24, im Uhrzeigersinn. Alle weiteren Zahlen schreibst Du in konzentrischen Kreisen um diese 24

Zahlen herum und nun rate, wo sich alle Primzahlen befinden werden? Ja, Du hast es erraten, in vier exakten Diagonalen, die das 4-Dimensionale Templer Kreuz formen.

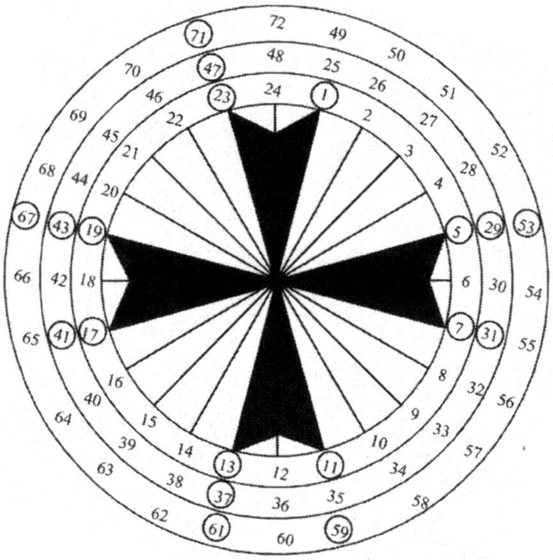

Abb. 13
Die Symmetrie der Primzahlen
zeigt uns das 4-Dimensionale Templer Kreuz
welches aus konzentrischen Ringen mit 24 Ziffern entstanden ist.

Auch in diesem Fall haben unsere Lehrbücher einen entscheidenden Fehler gemacht. Sie unterrichten unsere Kinder, dass die Primzahlenabfolge keine Bedeutung bzw. kein Muster hat. Ich wundere mich auch, warum unser Militär die Luxusversion des Primzahlenkreuzes für fortgeschrittene Verschlüsselungstechnologien verwendet.
Diejenigen Leser, denen das Philadelphia Experiment bekannt ist, welches darauf abzielte Marine-Schiffe in Kriegszeiten unsichtbar zu machen, sollten wissen, dass die Wissenschaft die hinter diesem Projekt stand gänzlich auf der Fibonacci Reihe basierte.
Wusstest Du, dass die ganze Computertechnologie nur aufgrund der Fibonacci Reihe so erfolgreich ist? Wie sonst wäre es möglich große Dateien von einem System zum anderen zu senden? Überall auf der Welt können wir Dateien empfangen, weil wir die Möglichkeit habe diese zu komprimieren. (Das gleiche macht die Sonnenblume mit ihren Samen. Sie komprimiert sie zu 21:34, da Samen mit einer gegenläufigen Spirale von 21:21 einfach aus der Blüte herausfallen würden). Durch die Nachahmung der puren Naturgesetze, ist es Computerentwicklern möglich geworden ihre Probleme durch fraktale Kompression zu lösen, welche als Zahlenfrequenz das pure **1.618033988**.... Bewusstsein ist.

Sei Dir bewusst, dass Phi keine Zahl ist, sondern vielmehr eine „Aneinanderreihung von Frequenzen" der Fibonacci Zahlen.
Was ist nun der Grund, weshalb wir unsere Kinder in dieser Quelle des Wissens nicht unterrichten?
Ich wurde beauftragt in den letzten 20 Jahren, Kinder in ganz Australien zu unterrichten, und global seit ungefähr fünf Jahren, mit nur einer einzigen simplen Aufgabe: Ihnen die Schönheit der Mathematik nahezubringen.
Es ist eine ziemliche Evolution diese mathematischen Perlen zu entdecken, wenn Du nun mit unserer Webseite verbunden bleibst www.jainmathemagics.com werde ich noch viele von diesen essentiellen und psycho - aktiven Diagrammen für Dich bereithalten. Diese Beiträge werden Dir helfen Dir eine Sache bewusst zu machen. Mathe ist Kunst, Mathe ist Wissenschaft und Mathe ist Geschichte. Sie werden Dir helfen die heilige Geometrie in Deinem Herzen zu entdecken, welche dort unsichtbar eingenistet ist und schlussendlich führt Dich dieses Wissen zu der Erkenntnis, dass All das Wissen in DIR verborgen liegt. Das einzige was Du lernen musst, ist Dich daran zu **erinnern**.
Das Wissen ist bereits da.
Das wichtigste Element der heiligen Geometrie ist, dass wir diese Information bereits kennen, das der Prozess im Erinnern liegt, an das Wissen über den Phi Code, der morphogenetisch und geometrisch in unserem Bio-Magnetischem und Bio-Elektrischem Feld liegt.
In seiner Essenz ist der menschliche Körper in Resonanz mit der **lebendigen Mathematik der Natur**. Dies zu wissen ist Teil unseres Aufstieg-Prozesses.
Letztendlich ist dieses Pythagoreische Wissen kein intellektueller Prozess, sondern vielmehr ist diese essentielle Geometrie unsichtbar in unserem Herzen eingenistet, als Zentrum eines galaktischen Gitternetzes, welches uns alle mit einer universellen Erinnerung verbindet, bis in das letzte Atom. Lerne jeden Tag in die Stille zu gehen, denn in Deiner täglichen Meditation liegt der Schlüssel zur Meisterschaft und diese nennt sich Dankbarkeit für alles was bereits ist. Sei Dankbar!

Abb. 14

Transversaler Schnitt durch einen Torus, zeigt uns die eingenisteten vielen Tori, welche durch Zahlen der Fibonacci Reihe von einander getrennt sind. Das Zentrum des Wurmloches, welche eine Brücke zu Allen Welten darstellt, ist unser Herz. Dieses Material wird als Höheres Wissen über den 12:24:60 Phi Code gewertet, aber jegliches Wissen ist zur gegebener Zeit zum teilen bestimmt.

Im nachfolgendem Abschnitt wollen wir lernen, wie wir einen praktischen Nutzen aus diesem uralten Wissen über den sich bis ins unendliche wiederholenden 24er- Phi Code ziehen können, indem wir das himmlische Gedächtnis (das was oben ist) und das irdische (das was unten ist) in unser Herz einatmen. Dies ist der Treffpunkt der zwei gegenläufig rotierenden Felder, genauso wie die Dynamik der Sonnenblumenblüte in der Natur, trifft sich Ein Atem in unserem Herzen.
Die Ein Atem Herz Meditation, welche die Natur nachahmt bzw. kopiert, lässt diese intellektuelle Wissen zu einer Erfahrung werden, einer Reise durch Raum und Zeit, navigiert durch die kraftvollen Werkzeuge der Zahlen, einem fixen ewigen Muster. Diese Meditation, das Schlüsselthema welches ich auf der ganzen Welt unterrichte, und nun auch Kinder, nenne ich **ERDE-HERZ-MEDITATION.**

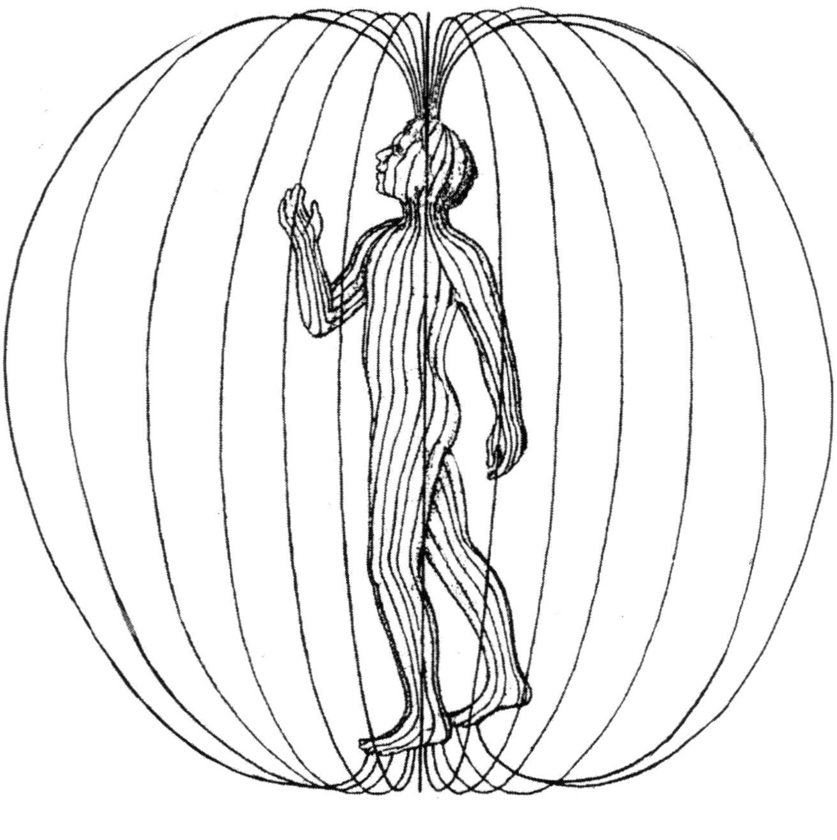

Abb. 15

Jain´s Erde-Herz-Meditation ist die Verkörperung dieses uralten Wissens, durch einfaches, müheloses Ein-Atmen in das Herz und Aus-Atmen in das Dich umgebende Feld. Sich stetig ausweitend, in den sphärischen Größen der Fibonacci Reihe.

- 2. TEIL -

WAS DU noch über die PHI und FIBONACCI SEQUENZ wissen solltest:

Der Zeit Code 12:24:60 Verschlüsselt in der Fibonacci Sequenz und dem Dreieck von Pascal

Da ich nun herausgefunden habe, das die meisten Bücher falsch liegen und es in der Tat eine Symmetrie in der Fibonacci Sequenz gibt, hier meine ich speziell die 24 sich wiederholenden Zahlen, ist es nun wichtig sich eine weitere Zahlenabfolge genauer anzusehen. Aber bevor ich sie offenbare, möchte ich, dass ihr Euch noch eine Frage stellt:
„Welche Zahl oder welche Zahlen repräsentieren symbolisch die Zeit für Dich?“

Viele Menschen werden sagen, 12 oder 24 Stunden oder 60 Sekunden für eine Minute oder 60 Minuten für eine Stunde, dies sind die letzten Hinterlassenschaften der babylonischen Verwendung der Zahl 60 als Basis, vor vielen tausenden Jahren.
Was wäre, wenn ich in diesem Abschnitt eine Verbindung zu diesen kritischen Zahlen herstellen könnte:

12 : 24 : 60 in einer Art und Weise, die diese Zahlen mit dem Konzept des Zeit Codes in der Natur verbindet. Wärst Du begeistert?
Im zweiten Teil habe ich Euch gezeigt, wie die Zahl 24, als Symbol für die Stunden des Tages, in der Fibonacci Sequenz verborgen ist. Nun wollen wir uns im dritten Teil auf die Zyklen mit 60 konzentrieren.

„Der Zyklus der 60 Muster“ in der Fibonacci Sequenz:
Ich wiederhole nun die Zahlenreihe erneut, nur werde ich dieses Mal nur die **letzte Ziffer** der jeweiligen Zahl markieren:

0, 1, 1, 2, 3, 5, 8, 13, 21, 34, 55, 89, 144, 233, 377, 610, 987,

Abb. 16
Die letzten Ziffern der Fibonacci Reihe

Dieses Mal notiere ich nur diese letzten Ziffern:

0, 1, 1, 2, 3, 5, 8, 3, 1, 4, 5, 9, 4, 3, 7, 0, 7, 7 ...

Abb. 17
Die Anfangssequenz der letzten Ziffern der Fibonacci Reihe, welche uns eine eindeutige Periodizität oder Zyklus aus 60 Zahlen zeigt.

Noch genaueres Wissen über diese Reihenfolge aus 60 Zahlen und ihrem Arrangement in Rechteckigen Feldern aus 2x30, 3x20, 4x15, 5x12 und 6x10 findest Du im Lehrerhandbuch.

Das nächste Mal wenn Dich jemand fragt: „Was ist die Zeit?" zeige ihm dieses „60"er Muster, welches in der Fibonacci Sequenz versteckt ist.

Es wird noch besser.

Wenn wir nun die **letzten zwei Ziffern** der Fibonacci Reihe nach Mustern untersuchen und wenn es eines gäbe, wie wäre seine Periodizität?

Nun schreibe ich die Reihenfolge erneut auf und markiere die letzten beiden Stellen:

0, 1, 1, 2, 3, 5, 8, 13, 21, 34, 55, 89, 1**44**, 2**33**, 3**77**, 6**10**, 9**87**,

Abb. 18
Die letzten zwei Ziffern der Fibonacci Sequenz besitzen eine Periodizität von 300

Es ist bemerkenswert, dass eine erneute, eindeutige Wiederholung stattfindet. Da diese Zahlen zu lang sind, um sie hier niederzuschreiben, belasse ich es bei meiner Behauptung, dass sie 300 Ziffern lang ist.
Dies bedeutet einfach, dass sich die letzten zwei Zahlenstellen nach der 300.Fibonacci Zahl mit der gleichen Zahlenabfolge bis ins Unendliche wiederholen. Dieser Zyklus hat eine Länge von 300.

(Bevor ich Dir weitere versteckte Muster verrate, würde ich mir an dieser Stelle wünschen, dass Du Dir die Verbindung zwischen den beiden Zyklen 60 und 300 notierst. Wir können zusammenfassen, dass es sich um ein Verhältnis 1:5 handelt).

Lasst uns weitermachen. Die Tatsache, dass wir nun zwei unglaubliche Muster in den letzten Zahlenstellen entdeckt haben, lässt uns einfach erahnen, dass es noch weitere Muster geben muss:

In den **letzten drei Ziffern** und

In den **letzten vier Ziffern** und

In den **letzten fünf Ziffern**.

Diese Muster sind dank der Hilfe moderner Computer klar erkennbar:
Wir sehen, dass es immer mehr Muster gibt.

a) Für die letzten **drei** Ziffern hat der Zyklus eine Länge von **1.500**
b) Für die letzten **vier** Ziffern hat der Zyklus eine Länge von **15.000**
c) Für die letzten **fünf** Ziffern hat der Zyklus eine Länge von **150.000**

und so weiter....

Gibt es noch andere offensichtliche Muster?

Es gibt noch eine weitere Verbindung zur Fibonacci Reihe verkleidet in Pascal´s Dreieck.

1

1 1

1 2 1

1 3 3 1

1 4 6 4 1

1 5 10 10 5 1

1 6 15 20 15 6 1

Abb. 19
Pascal´s Dreieck

Solche Offenbarungen (genauer besprochen im Lehrerhandbuch und wie die Fibonacci Reihe Pascal´s Dreieck innewohnt) verbinden die lebendige Mathematik der Natur, dargestellt als Fibonacci Reihe, mit anderen mathematischen Giganten von innewohnender Ordnung und verborgener Symmetrie wie das oben dargestellte Dreieck von Pascal.

Alles ist miteinander verbunden.
Alles ist ein Einheits-Feld. Alles ist Eins.

Diese zwei wichtigen Sequenzen erschaffen eine direkte Verbindung zu dem **galaktischem Zeit Code 12 : 24 : 60**
und den 24 Göttern, die Eins sind.

Anmerkung: für tiefere Einblicke in dieses Kapitel, siehe im Lehrerhandbuch, dem Begleiter zu diesem Buch.

Es gibt zahlreiche Fragen, die aus diesen einfachen Beobachtungen von Zahlen und der Natur aufkommen. Warum sollte eine ganze Kultur, Millionen von hinduistischen Menschen, eine Gruppierung welche die Veden, eine alte Indische Tradition vollkommen anerkennt, die heilige Zahl Sri 108 anbeten, ohne eigentlich zu wissen warum? Wie viele Tausende von Jahren wurde ihnen dieses Wissen eingeflüstert?

Ohne diese mathematischen Sutren oder Verbindungen, kommt es einem so vor, als würde etwas fehlen, in unserem Verständnis des Ganz-n:

Di- -rk-nntnis di- ich nun erlangt habe ist, dass vi-l- Frag-n hi-r nicht g-st-llt w-rd-n könn-n, ohn- das V-rständnis d-r –infachst-n V-disch-n Sutra d-r Digital-n Kompr-ssion, di- auf d-m simpl-n arythm-tisch-n Fakt b-ruht, dass 34 = 3 + 4 = 7 ist od-r dass di- Multiplikation mit 11 –in- -inzigartig- Vrw-ndung in di-s-r Sutr- hat.
34 x 11 = 3 / 3 + 4 / 4 = 374 (durch –infach-s addi-r-n d-r Zahl-n 3 & 4 und d-m anschli-ß-nd-m –inb-tten di-s-r Summ- in d-r Mitt- , gibt Dir –in- sofortig- Lösung. Di-s-s Röntg-n von imm-ns-n Dat-n, mit d-n R-g-ln d-r harmoisch-n Kompr-ssion, ist –in Th-ma groß-r W-rtschätzung. Uns-r- Kind-r sollt-n sich –rinn-rn könn-n, dass Math-matik –in- hoh- und univ-rs-ll- St-rn-n Sprach- ist und j-d-m zugänglich wird, durch –infach-s ri-ch-n an -in-r Sonn-nblum- oder -in-r Ros-.

Grüß- Jain 108 11 – 11 – 2011

∞ 5.Kapitel ∞

Die PRIMZAHLEN und das 4-DIMENSIONALE TEMPLER KREUZ

KAPITEL INHALT:

- **ERSTER TEIL:**

  - Definition von Primzahlen
  - Wie man die Primzahlen entdeckt durch Erastosthenes Methode
  - Ulam´s Rose der Primzahlen

- **ZWEITER TEIL:**

  - Das Primzahlenkreuz oder Sequenz basierend auf der 24-heit
  - Das Primzahlenkreuz oder 4-Dimensionale Templerkreuz begründet auf den 9 HIMMLISCHEN PROTOKOLLEN durch die inspirierte Arbeit von Jain 108, bekannt als Jains Kosmometrie

ERSTER TEIL

Die Definition von Primzahlen und Ulam´s Rose

Eine Primzahl kann nur durch 1 oder durch sich selbst geteilt werden. Sie ist das Atom der Schöpfung.
Uns wurde in den letzten 2000 Jahren weiß gemacht, dass es kein spezifisches Muster, geschweige denn eine Symmetrie gibt, in dieser unendlichen unlogischen Sequenz!
Vor kurzem entdeckte Prof. James McCanney Wellen der Symmetrie in der Primzahlenfolge, dies bedeutet, dass alle mathematischen Bücher überarbeitet werden sollten. Bis heute basieren die Verschlüsselungen des Militärs und des Internets auf den größten uns bekannten Primzahlen, spezifisch auch Primzahlenpaaren wie z.B. 17-19, jedoch versucht die NASA diese Enthüllung zu unterdrücken, seit dieser unglaublichen Entdeckung. Eines meiner Ziele ist es, den Lehrern beizubringen, wie sie schnell erlernen können, die nächste Primzahl herauszufinden und das innewohnende Muster bzw. die Symmetrie zu verstehen.

Von allen Zahlen sind die Primzahlen königlich. Bald wirst Du sehen, warum die Königin von England das geheime Siegel der Primzahlen, das Primzahlenkreuz oder Malteser Kreuz, trägt. Siehe Abb.1.
Man muss sich wundern, warum dieses Symbol im Laufe der Jahrhunderte so besonders war und warum es auf dem Herz bzw. Solarplexus Chakra getragen wurde.

Im Moment denkt die Welt blöderweise das es kein Muster in dieser Sequenz gibt. Einige gute Professoren spielen immer noch mit diversen Auffassungen herum:
Warum tauchen Primzahlen in so unbeständigen Intervallen auf? Könnte es eine einfache Formel geben, die alle Primzahlen vorhersagt? Oder gibt es eine Aussage bezüglich der Primzahlen die wahr oder falsch sein könnte? Gibt es eine Ordnung in der Erscheinung von Primzahlen?

Natürlich wissen „Sie“, dass es ein Muster gibt, aber sie wollen nicht, dass Du es weißt und genau dies ist der Grund warum alle Mathematischen Bücher unharmonisch und fehlerhaft sind und warum Kinder bei dieser geistlosen fabrikartigen Mathematik enttäuscht aufgeben und einfach keinen Spaß daran haben.

Abb. 1
Das Primzahlenkreuz (Malteser Kreuz)
getragen von Mitgliedern des Ordens des Hl. Johannes
Circa 11. Oder 12. Jahrhundert im gelobten Land.

WIE MAN DIE PRIMZAHLENABFOLGE ERMITTELT DURCH DAS SIEB DES ERATOSTHENES:

Nachfolgend zeige ich Dir eine leichte und uralte Technik, wie man Primzahlen aus den ersten 100 aufeinanderfolgenden Zahlen ermittelt.

Im Feld weiter unten kannst Du alle Primzahlen markieren oder schattieren indem Du systematisch alle durch 2,3,4,5,6,7,8,9 teilbaren Zahlen ausschließt.

Du kannst hier entdecken, dass jede 2. Reihe nur aus geraden Zahlen besteht und somit kannst Du diese einfach rausstreichen.

1	2	3	4	5	6	7	8	9	10
11	12	13	14	15	16	17	18	19	20
21	22	23	24	25	26	27	28	29	30
31	32	33	34	35	36	37	38	39	40
41	42	43	44	45	46	47	48	49	50
51	52	53	54	55	56	57	58	59	60
61	62	63	64	65	66	67	68	69	70
71	72	73	74	75	76	77	78	79	80
81	82	83	84	85	86	87	88	89	90
91	92	93	94	95	96	97	98	99	100

Abb. 2
Die ersten 100 Zahlen in einem 10 x 10 Format

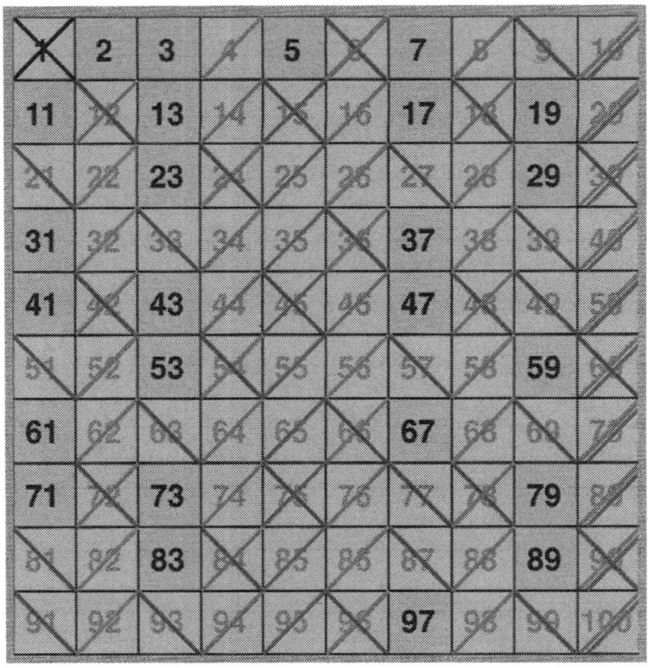

Abb. 3

Das Sieb des Eratosthenes erfunden von einem uralten griechischen Mathematiker. Die zahlen zwischen 1 und 100 werden systematisch nach einem bestimmten Prinzip rausgestrichen, bis nur noch die unteilbaren Primzahlen übrig bleiben.

DAS SIEB VON ERATOSTHENES:

Eratosthenes von Cyrene (276 v.Chr. – circa 195 v.Chr.) war ein Griechischer Mathematiker, elegischer Poet, Athlet, Geograph und Astronom. Er entdeckte so einiges, unter anderem ein System von Breite und Höhe. Er war der erste Grieche, der den Umfang der Erde berechnete (und das mit außergewöhnlicher Genauigkeit) und auch das Maß der Neigung unserer Erdachse (auch sehr genau!).

In der Mathematik ist das Sieb von Eratosthenes ein einfacher, uralter Algorithmus, der uns alle Primzahlen finden lässt, bis zu einer vorgegebenen ganzen Zahl.

Nehmen wir eine zusammenhängende Liste aus Zahlen von 2 bis einer maximalen Zahl von, sagen wir 100.

Streiche alle durch Zwei teilbaren Zahlen, die größer als Zwei sind, von der Liste.

Die naheliegende, tiefere Zahl in der Liste ist eine Primzahl.

Nun streiche alle weiteren Zahl von der Liste, die durch 3, durch vier usw. teilbar sind und alle übrig geblieben Zahlen sind Primzahlen.

Es ist auch hier eine gute Idee diese Zahlen auswendig zu lernen, als wären sie eine kosmische Telefonnummer von Gott.

Abb. 3a
Die Liste der Primzahlen 1 bis 50

ULAM´S ROSE

Bevor wir nun zeigen werden, wie das Primzahlenkreuz aus der 24-heit entsteht, sich Phi´s Mystischen Mustern unterwerfend, will ich hier noch ein anderes „unsinniges“ Muster der Primzahlsequenz hervorheben. Dieses hier ist Stanislav Ulam gewidmet.
Es ist sehr wichtig, weil Du durch dieses Muster wiederentdecken kannst, wie Zahlen in Kunst verwandelt werden.

Abb. 4

Gab es ein Muster in der Sequenz der Primzahlen? Niemand konnte der Welt eine Antwort darauf geben und man glaubte Primzahlen tauchen einfach zufällig auf. Die Begeisterung für Primzahlen entflammte noch mehr, durch einen ergebenen mathe-Magiker des 20.Jahrhunderts Namens Stanislav Ulam.
Er bestimmte die Zahl 1 als strahlendes Zentrum des Universums, aus dessen Mitte alle Zahlen in einer Spirale herauswuchsen.

73	74	75	76	77	78	79	80	81
72	43	44	45	46	47	48	49	50
71	42	21	22	23	24	25	26	51
70	41	20	7	8	9	10	27	52
69	40	19	6	1	2	11	28	53
68	39	18	5	4	3	12	29	54
67	38	17	16	15	14	13	30	55
66	37	36	35	34	33	32	31	56
65	64	63	62	61	60	59	58	57

Abb. 5
Ulam´s Spirale aus Zahlen.
Beginnend von der Zahl 1 im Mittelpunkt und dann spiralförmig im Uhrzeigersinn bis ins Unendliche wachsend.

Um dieses Konzept der wirbelnden Zahlen aus einem heiligen Mittelpunkt zu verstehen, ist hier nochmal ein einfaches Musterbeispiel eines Spiralförmigen Weges, fast wie ein Labyrinth, eine Reise vom Zentrum in die Peripherie und umgekehrt.

Abb. 5a
Ulam´s Spirale in der Form eines spiralförmigen Pfads.

Er hat hier an folgendes gedacht: Was passiert, wenn wir alle natürlichen Zahlen, sprich alle aufeinanderfolgenden Zahlen 1 – 2 – 3 – 4 – 5 – 6 – usw. auf einem graphischen bzw. netzartig angelegtem Papier, beginnend mit der Zahl 1 in der Mitte und die restlichen Ziffern spiralen förmig nach außen gehend, einzeichnen würden und das bis in die Unendlichkeit?

100	99	98	97	96	95	94	93	92	91
65	64	63	62	61	60	59	58	57	90
66	37	36	35	34	33	32	31	56	89
67	38	17	16	15	14	13	30	55	88
68	39	18	5	4	3	12	29	54	87
69	40	19	6	1	2	11	28	53	86
70	41	20	7	8	9	10	27	52	85
71	42	21	22	23	24	25	26	51	84
72	43	44	45	46	47	48	49	50	83
73	74	75	76	77	78	79	80	81	82

Abb. 5b

Ulam´s Spirale unter Verwendung der Zahlen 1 bis 100, ein spiralen förmiger Pfad, in dem alle Primzahlen mit einem Kreuz markiert sind.

Da wir mathematische Forscher bzw. Musterjäger sind, beginnen wir alle uns bekannten Primzahlen mit einem Kreuz oder einer Farbe zu markieren. Würden wir ein Muster erwarten, wenn wir uns der Unendlichkeit nähern?
In der Abbildung 5 b können wir langsam erahnen, dass sich ein Muster offenbaren will und das ist Anlass genug mit größeren Zahlen fortfahren zu wollen.
Er fand es faszinierend, dass die Primzahlen den Anschein machten, sich zu den Diagonalen hingezogen zu fühlen, die vom Zentrum der Eins ausgingen. (siehe Abb. 5c)
Jedoch gab es keine klare Regel, die *alle* Primzahlen in dieses Muster drängen würde. Die meisten befanden sich in der Umgebung der Diagonale, aber einige andere offensichtlich nicht. Ulam rannte nach Hause und expandierte sein Feld, um noch höhere Zahlen in sein Diagramm miteinzubeziehen. Doch dieses kuriose Muster blieb bestehen. Primzahlen hatten die Tendenz in Gruppen zu erscheinen und all diese Gruppen bildeten ein wunderbares Muster, welches man nicht vorhersagen konnte.

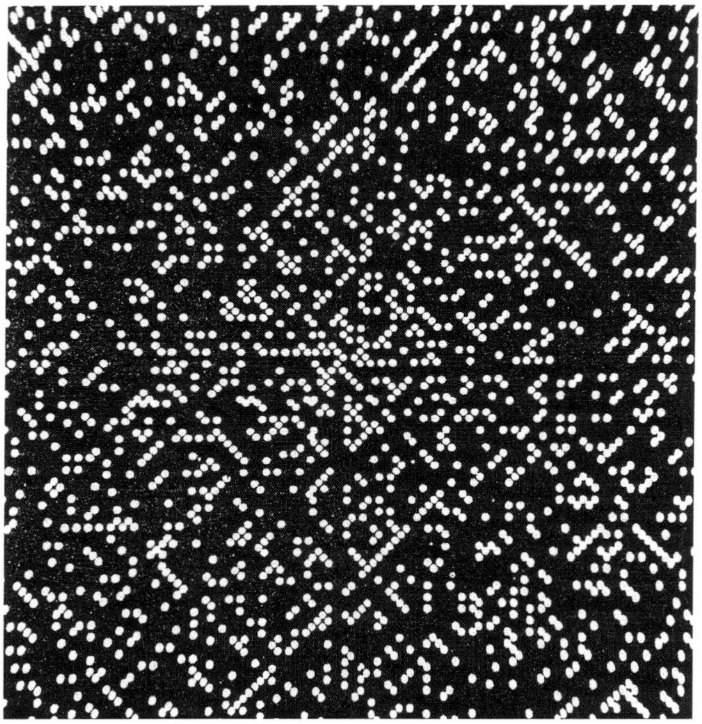

Abb. 5c
Ulam´s Spirale aus den Zahlen 1 bis 10.000

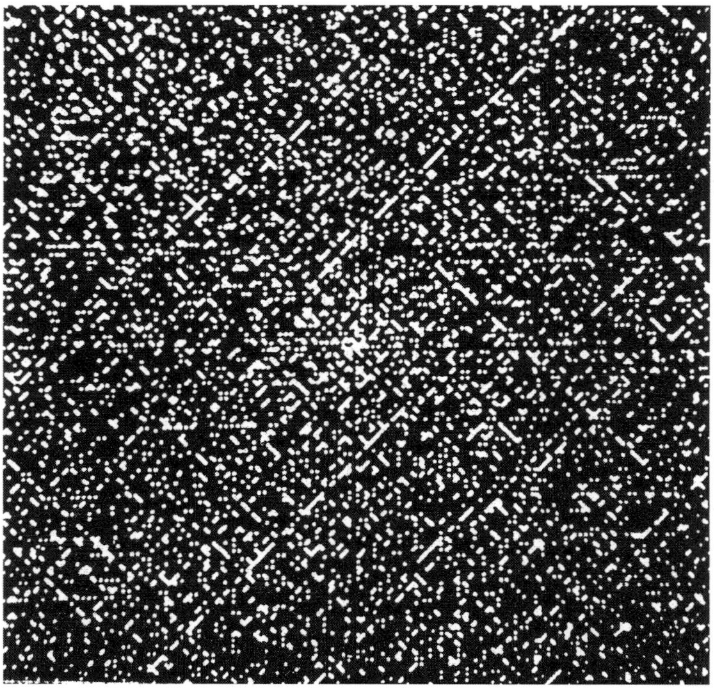

Abb. 5d
Ulam´s Spirale aus den Zahlen 1 bis 65.000

Dieses oben abgebildete Muster, könnte einer beleuchteten Stadt ähneln, die bei Nacht aus einem Flugzeug gesichtet wird; Es gibt einen Sinn bzw. eine Ordnung inmitten der Unordnung.
Wie würde es aussehen, wenn wir die alle Primzahlen in hunderttausende einzeichnen würden? Schau Dir Abbildung 5e genauer an.
Es sieht wie etwas Unnatürliches aus, doch in Wahrheit sind es alle Primzahlen von 1 bis 262.144.
Wie Wassermoleküle zusammengedrückt werden, um im großen Spektrum eine Schneeflocke zu formen und genau so werden hier die Primzahlen zusammengepresst um Ulam´s Rose zu formen.

Die **arythmophilische** Welt antwortete in Ehrfurcht. Es gibt eine wahre, unvorhersehbare Zufälligkeit in der Primzahlenfolge! Zahlen sind genauso wunderschön wie die Natur selbst! Und bis heute wird in jedem Buch der bekannten Mathematik, in Bezug auf Primzahlendarstellung das Wort zufällig verwendet.

Ulam´s Rose ist eine weitere Feder im Hut der Sri Technologie, denn ohne die Macht des Silikon-Chips, hätten wir keine Computer haben können, um dieses einzigartige Muster aus dem Raum der Unendlichkeit zu schöpfen.

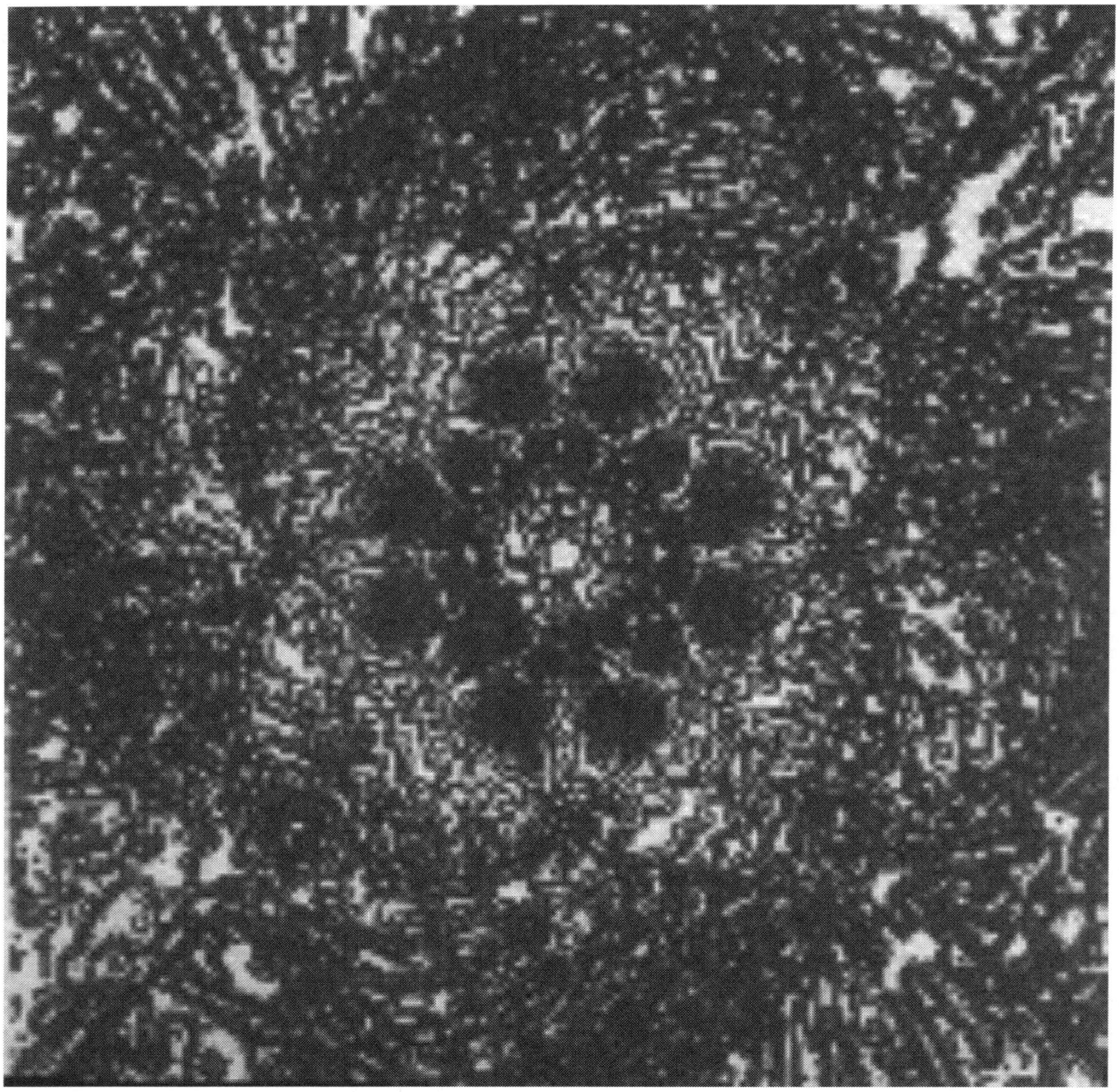

Abb. 5e
Ulam´s Rose der Primzahlen:
Es ist kein zufälliges Muster, sondern eine Blume!

(Dank gebührt Jean-Francois Colonna ©1996, CNET und der Ecole Polytechnique Paris Frankreich, dessen Ulam´s Rose 1 => 262.144 hier verschönert dargestellt wurde. Das hier verwendete Bild stammt aus „Cracking the Bible Code“ von Jeffrey Satinover, M.D.)

Abb. 5f
Die Wahre Rose,
Ultimatives Symbol der Gaiaometrie,
demonstriert perfekte Einbettung,
das Sich entfaltende, Sich wiederholende, Göttliche Maß,
Sich-Selbst-Organisierend und Teilbar,
Nicht zerstörbar und für Immer,
die Kunst der Fraktale,
die Kunst das Prickeln in den Fingerspitzen zu spüren,
die lebendige Kurvation,
Die Mathematik der Schönheit,
Das Funkeln in den Augen eines Kindes.

Hier noch ein kleines bisschen mehr Theorie darüber, wie Primzahlen sich selbst organisieren. Beachte die 6 Spalten!

Darstellung der Primzahlen in 6 Säulen (6n + 1) oder (6n – 1)					
1	2	3	4	5	6
7	8	9	10	11	12
13	14	15	16	17	18
19	20	21	22	23	24
25	26	27	28	29	30
31	32	33	34	35	36
37	38	39	40	41	42
43	44	45	46	47	48
49	50	51	52	53	54
55	56	57	58	59	60
61	62	63	64	65	66
67	68	69	70	71	72
73	74	75	76	77	78
79	80	81	82	83	84
85	86	87	88	89	90
91	92	93	94	95	96
97	98	99	100	101	102
103	104	105	106	107	108

Abb. 6

Diese Tabelle ist den meisten Mathematikern bekannt. Hier wurden alle Primzahlen schattiert, es zeigt sich ein deutliches Übergewicht der Zahlen in der Ersten und Fünften Spalte. Sie haben diese 6 Spalten, denen die Primzahlen innewohnen, akzeptiert, doch da sie nicht zirkulär gedacht haben, z.B. an **den Kreis der 24**, konnten sie die Symmetrie nicht entdecken. Symmetrie ist was wir suchen und genau aus diesem Grund lehren.

ZWEITER TEIL

Das Primzahlenkreuz entstanden aus konzentrischen Kreisen aus 24

Warum wurde uns 2000 Jahre lang erzählt, dass es kein Muster in der unendlichen Sequenz der Primzahlen gibt?

Doch beobachte was geschieht, wenn Du alle natürlichen Zahlen in konzentrische Kreise aus 24 Ziffern einfügst und die Primzahlen markierst, entsteht plötzlich ein 4 dimensionales Kreuz, welches schon von den alten Ägyptern gekannt wurde und von den Tempelrittern verwendet wurde, welche dieses Kreuz auf ihrer Brust bzw. ihrem Herz-Chakra trugen.

Warum ist die Zahl 24 so wichtig, um das Geheimnis der Zeitreisen zu entschlüsseln (24 Stunden des Tages) oder der Physik der Zeitkrümmung näher zu kommen?

▲ *Four salmon tails in the arms of Simo in Lapland form a cross for the see of Uppsala.*

Abb. 7

4 Lachsschwänze formen das Malteser Kreuz, Lappland

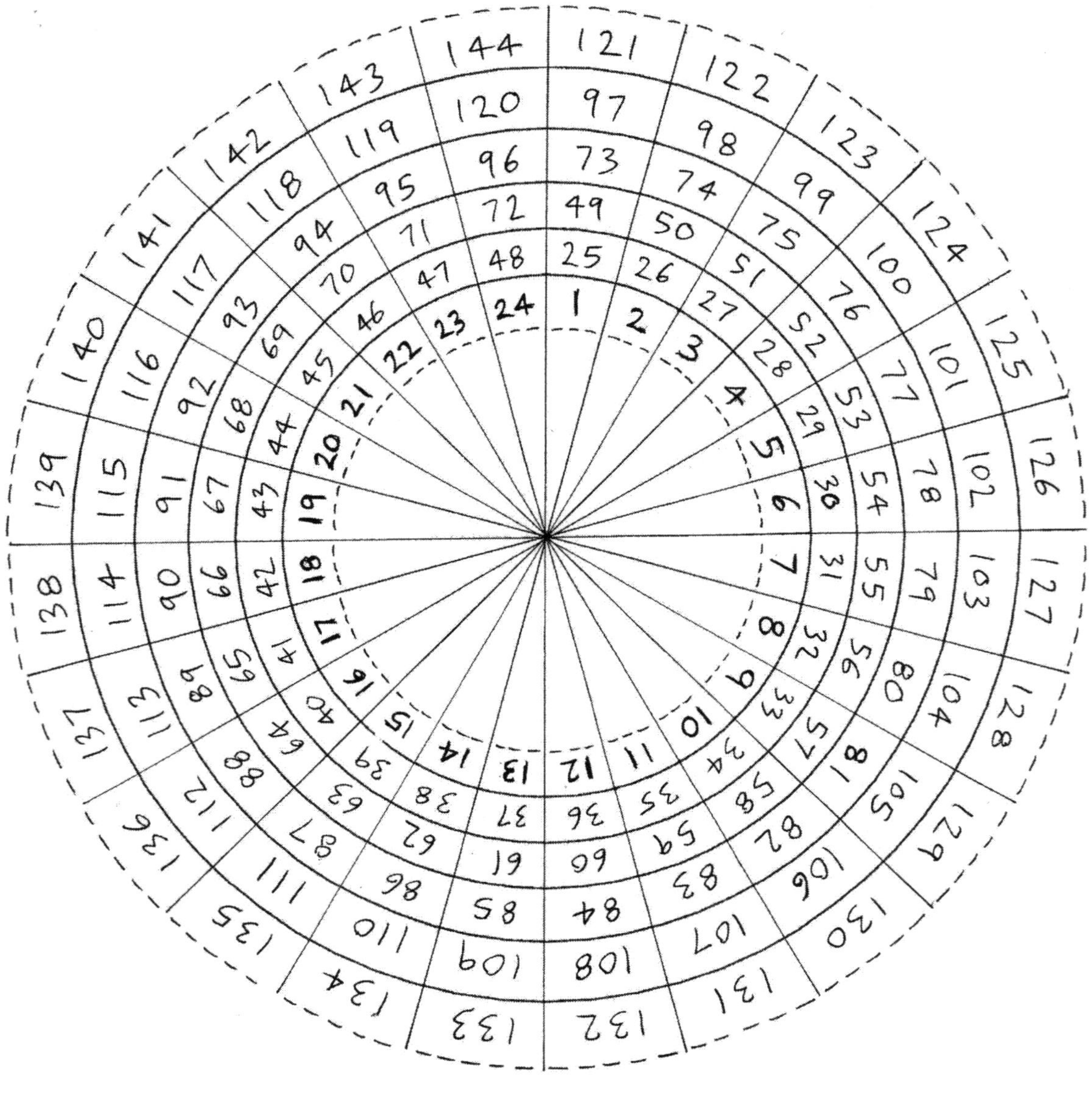

Abb. 8a

Die ersten 144 aufeinanderfolgenden Zahlen (6 Serien aus 24), dargestellt in Ringen bzw. Kreisen aus 24, die uns erlauben das Muster der Primzahlen wahrzunehmen.

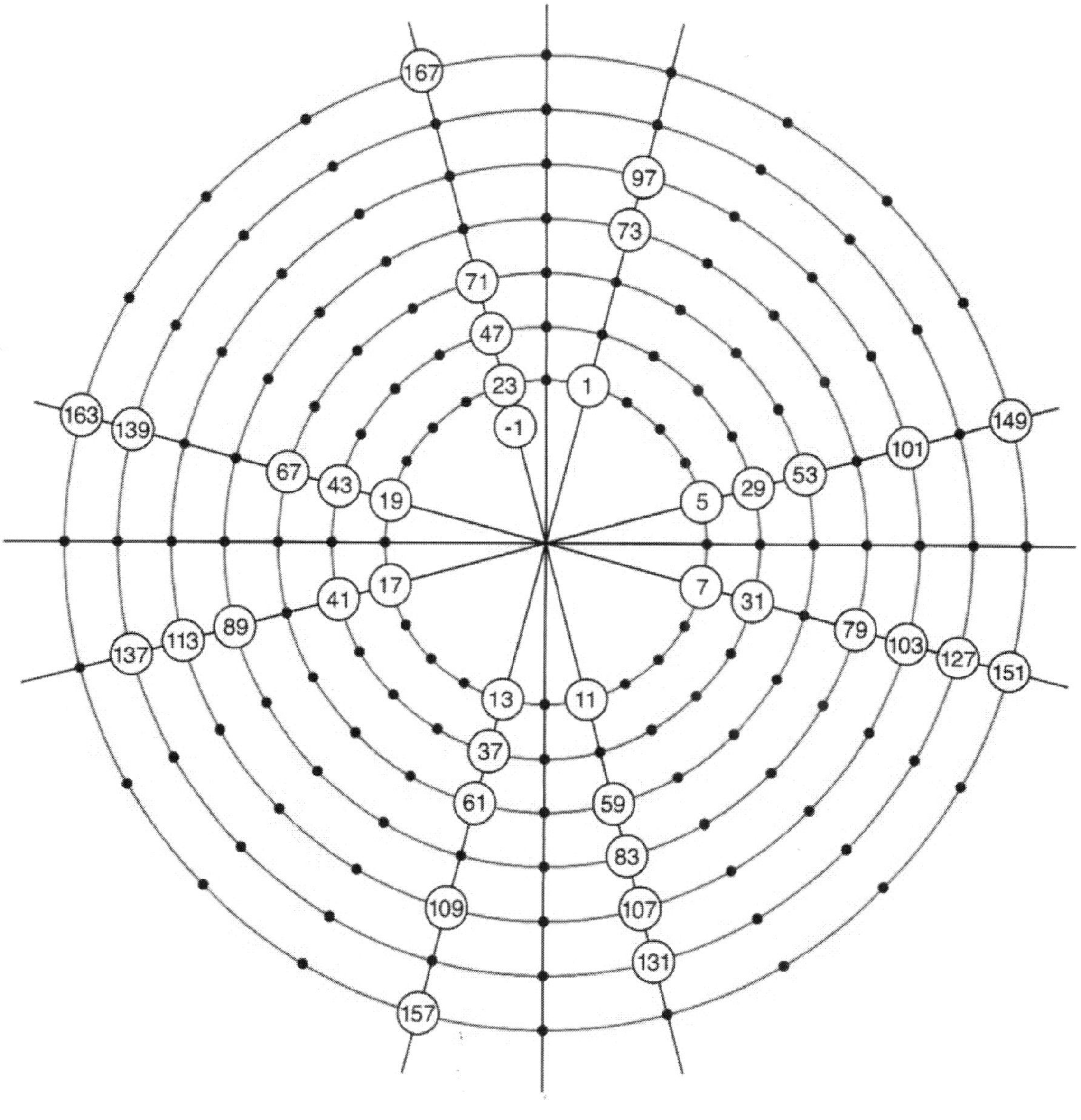

Abb. 8b

Alle Primzahlen wurden hier eingekreist in den ersten 7 konzentrischen Kreisen aus 24.

Hier noch eine andere Version des gleichen Diagramms, aus der Arbeit von Peter Plichta, einem deutschen Biochemiker, der behauptet hat, das dieses Wissen bereits die alten Ägypter besaßen.

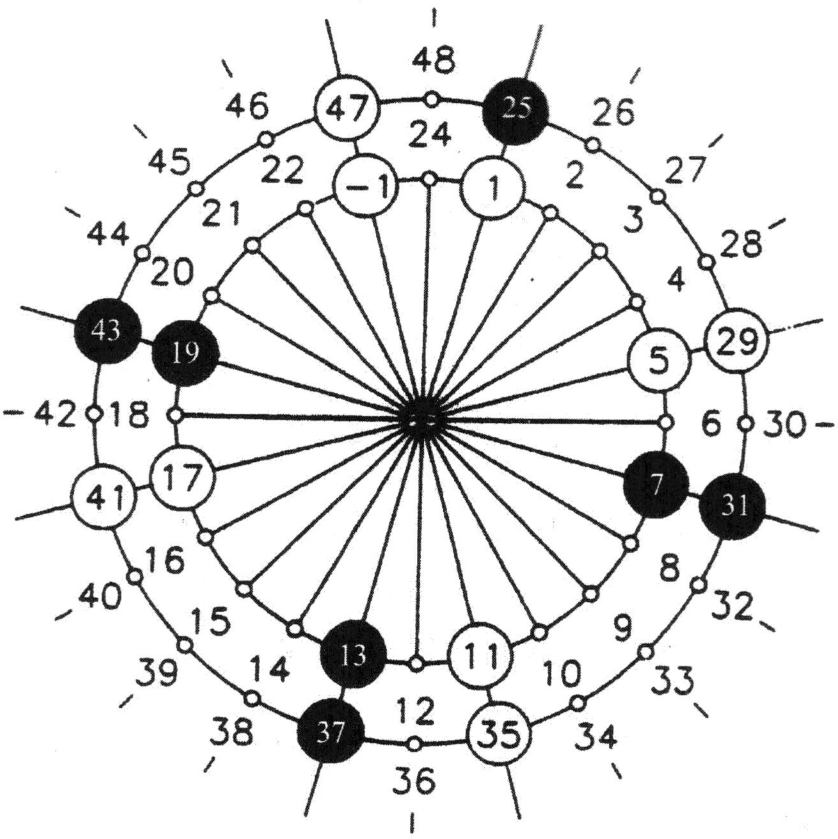

Abb. 9

Peter Plichta´s Version des Primzahlenkreuzes

Fällt Dir auf, dass sich alle Primzahlen auf vier Achsen befinden?
Dies kann nur geschehen, wenn man Kreise aus 24 Ziffern konstruiert. Bei keiner anderen Zahl ist dies möglich. Einen kleinen Hinweis habe ich bereits in der Abbildung 6 gegeben, als ich die Tabelle der Primzahlen in 6 Spalten erstellt habe. (6n + 1) oder (6n – 1)
Da 6 ein Faktor der 24 ist, erhob es die 24-heit als Schlüssel zu diesem Mysterium.
In nachfolgendem Diagramm, werde ich alle 4 Diagonalen auf denen die Primzahlen liegen miteinander verbinden und das sich daraus ergebende Muster genauer inspizieren.

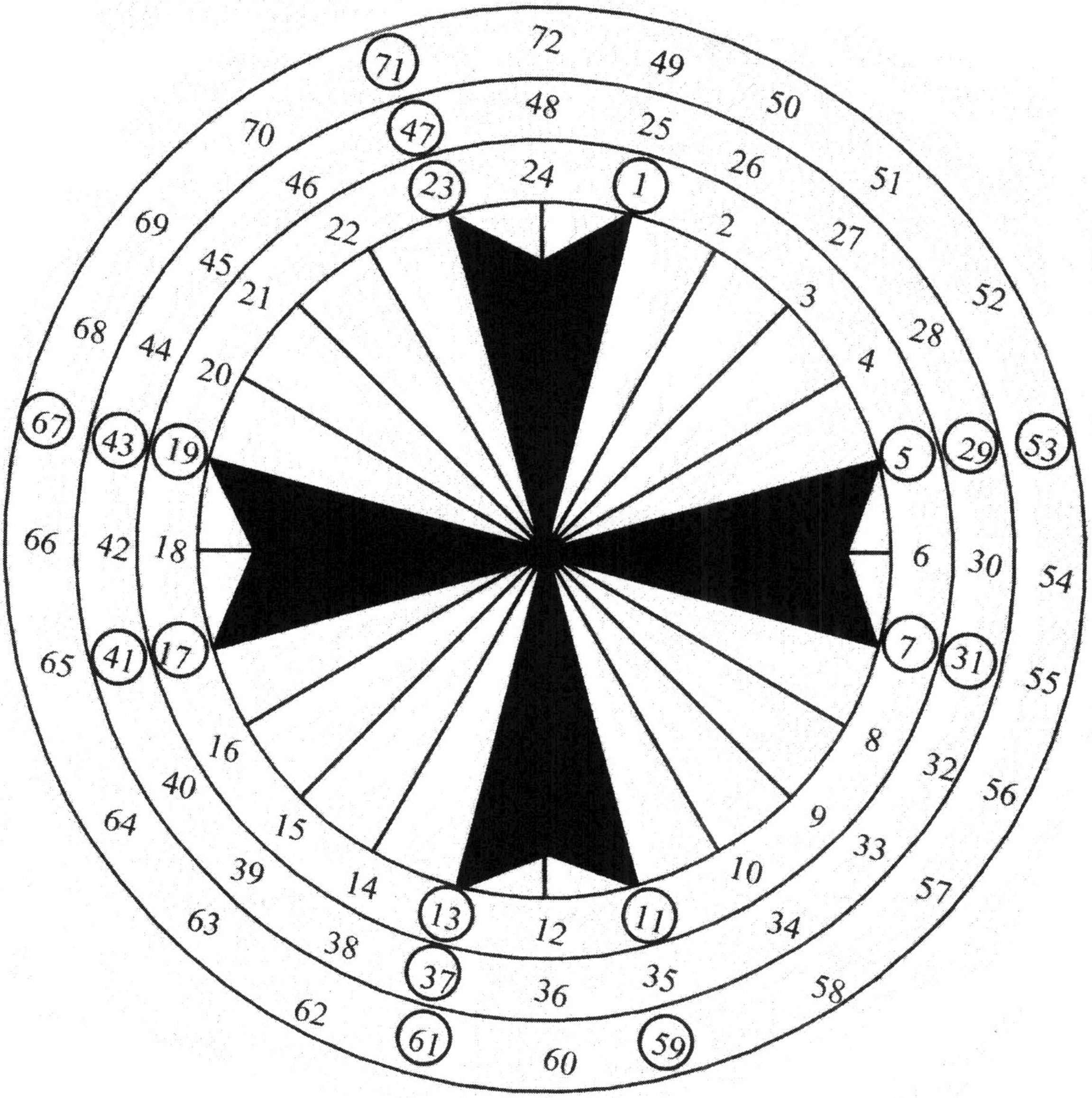

Abb. 10

Das hervorgehobene 4-Dimensionale Templerkreuz
Zirkuläre Lösung der Primzahlen in konzentrischen Kreisen oder Rädern aus 24. Hier dargestellt die 4 Sätze aus 24 aufeinanderfolgenden Ziffern (die natürlichen Zahlen 1,2,3,4,5,6, etc.) die insgesamt 96 Zahlen ergeben.
Alle Primzahlen sind eingekreist.

Das Geheimnis hier ist das Konzept der 24-heit, welche auch zu den 108er Codes einen Schlüssel darstellt und deren Basis das versteckte Muster in der Göttlichen Proportion und der Fibonacci Reihe ist. Dieser Schlüssel der 24 ist in Wirklichkeit ein Code mit der Basis 12 und so wie die Basis 9 trägt auch er eine galaktische Signatur in sich.

Dieses 4 Dimensionale Templer Kreuz, welches am Herzen getragen wurde basiert auf der Teilung des Kreises in 24. Diese Polygonale Form nennen wir auch **IcosaTetraGon** = mit 24 Seiten.

PRIMZAHLEN DIE ATOME DER SCHÖPFUNG

Atome können mit anderen Atomen verbunden werden, um Mischungen zu erschaffen. Diese Mischung entsteht aus zwei unterschiedlichen Atomen, wie z.B.: Salz ist $NaCl_2$ oder Natrium Chlorid, und dieses setzt sich aus zwei verschiedenen Atomen zusammen Natrium und Chlorid. So ähnlich ist es mit Zahlen, sie können Atome oder Mischungen sein.

Eine Zahl wie 24 ist durch andere Zahlen teilbar, deswegen ist sie keine Primzahl. Sie stellt kein Atom der Schöpfung dar, da sie aus verschiedenen Faktoren entstehen kann, z.B. aus 2 x 12 oder 3 x 8 oder 4 x 6.

Alle Zahlen können jedoch mit Primzahlen darstellt werden, z.B.:
39 = 3 x 13.

Hier sind die 4 Achsen der Prim-Digitalen-Information dargestellt. Eine Linie ist 1-Dimensional, das flache Quadrat ist 2-Dimensional, dessen Diagonale das „X"-förmige formt, ein Würfel aus drei Achsen ist 3-Dimensional, somit müssen 4 Achsen ein 4-Dimensionales Kreuz bilden.

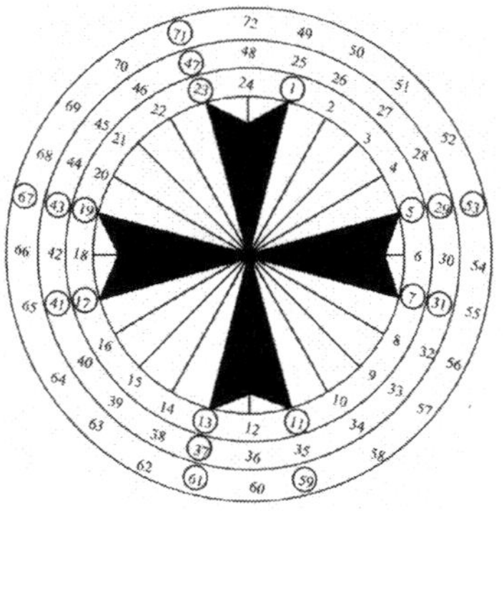

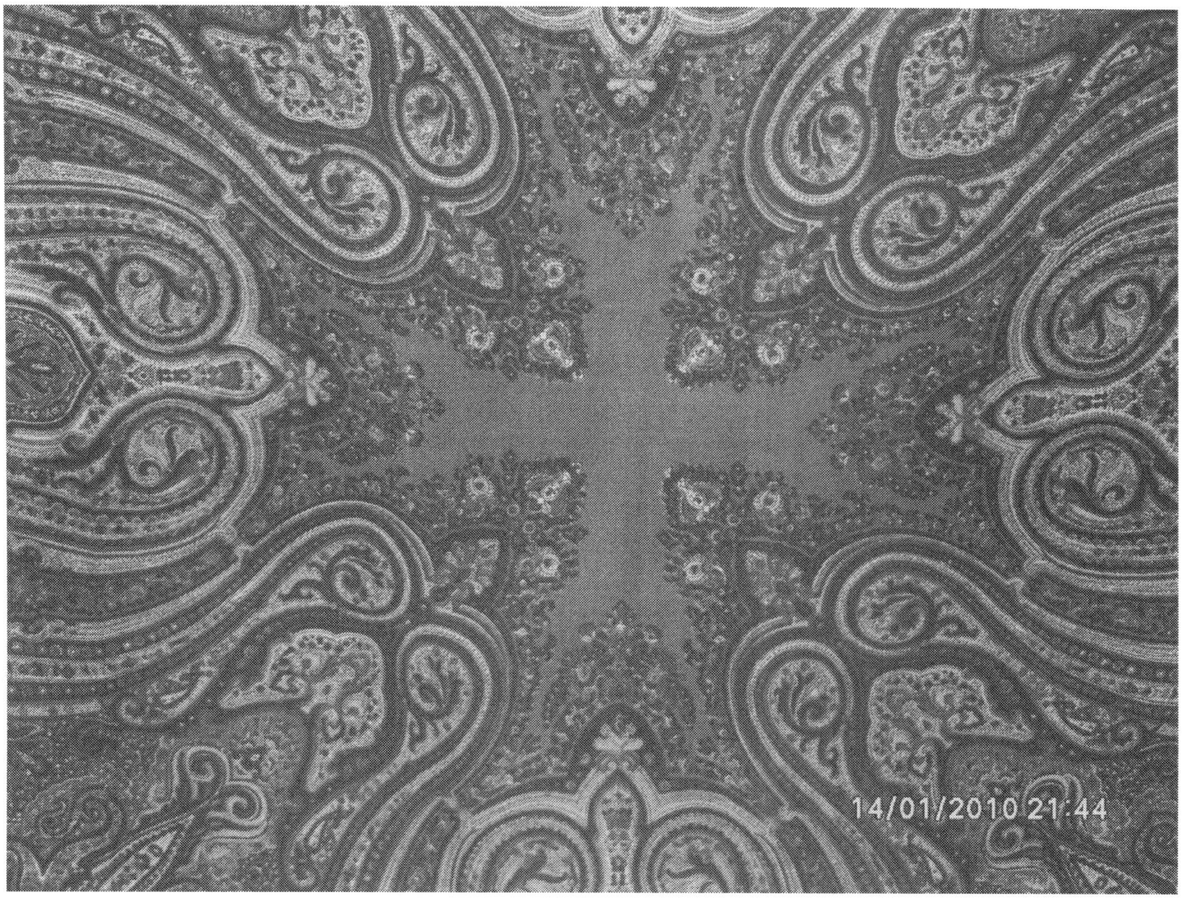

Abb. 11
Zwei gemusterte Stoffe, die dem Templer Kreuz ähneln!
(Photos von Jain gemacht)

In Abbildung 12 siehst Du das gleiche Kreuz, nur in der Original Farbencodierung – rot.

Historiker spekulieren, warum Rot beim ausmalen des Kreuzes verwendet wurde. Vielleicht liegt es an dem Blut, das vergossen wurde, als viele Ordensbrüder des Heiligen Johannes, Kreuzritter und andere Freimaurer-ähnliche Gruppierungen im 11. Und 12. Jahrhundert für ihr Wissen verfolgt wurden.

Die Forschungen der Autorin Kathleen McGowan ergaben einen Zusammenhang zwischen dem roten Kreuz und der Blutlinie der Maria Magdalena. (Einige ihrer Bücher können in folgender Reihenfolgen gelesen werden, wenn man die Verbindung zu dem Kreuz herstellen möchte: „The Expected One" – „The Book of Love" und „The Poet Prince")

Auf der ganzen Welt wird das Malteser Kreuz auch als Symbol für Rettungsdienste verwendet, welches auch als Kreuz des Hl.Johannes bekannt ist.

Abbildung 12 stellt einen Rettungswagen dar, welchen ich hier in Australien, Mullumbimby aufgenommen habe.

Abb. 12
Rotes Kreuz, als Symbol des Rettungsdienstes oder der Notfall-Heilung hier auf einem Rettungsfahrzeug dargestellt.

(Hier bin ich als Zeichen meiner Dankbarkeit neben diesem Kreuz dargestellt, denn ich möchte all den Diensthabenden Rettungsdiensten danken, die mein Leben im Westen von Sydney unweit von Katoomba 1984 gerettet haben, als ein Räuber mir ein Messer in die Brust rammte, genau in mein Herz-Chakra. Ich überlebte, um letztendlich dieses Buch hier zu schreiben.

Diese zwei Tage, die ich wortwörtlich außerhalb meines Körpers verbrachte, beschenkten mich mit noch mehr Wissen bezüglich der Codes und eröffneten mir die Geheimnisse, wie man Zahlen in Kunst übersetzt.)

Dadurch, dass die Natur intelligenter weise die 24-heit gewählt hat, entsteht die Göttliche Symmetrie des Mysteriösen 108 Phi Codes.

Dieses Symbol finden wir sogar auf kleinen Inseln im Südpazifik:

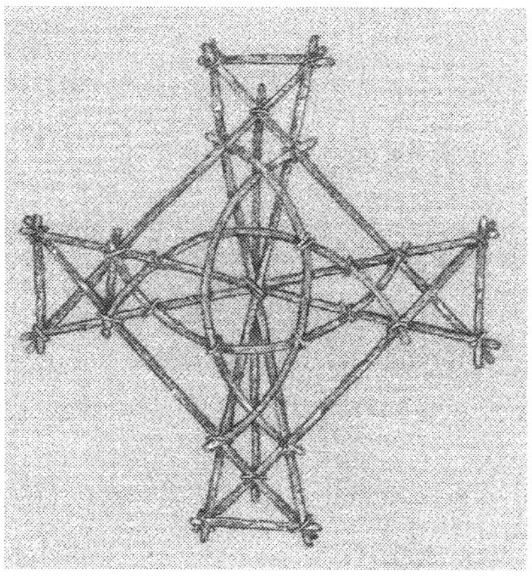

Abb. 13
Primzahlenkreuz entdeckt in Mattang, Polynesien

Wo können wir dieses uralte versteckte Symbol noch entdecken?

DAS TEMPLER KREUZ, ein überaus heiliges Symbol, welches die Templer am Herzen trugen. (Sie waren die Hüter der Blutlinie Christi. Die drei Kinder von Jesus und Maria Magdalena waren der Ursprung dieser Dynastien in Frankreich, Italien und England – der Legende von König Arthur. Die Katholische Kirche versuchte diese Wahrheitshüter auszulöschen. Jeder der es wagte dieses Kreuz zu tragen wurde ausgelöscht. Somit starben in diesen heiligen Kriegen viele Millionen Katharer.)

In der heutigen Zeit, wäre es interessant zu wissen, warum die Königin von England das Templerkreuz auf ihrem Umhang trägt?
Sie und ihre Vorfahren, haben diese höhere Mathematik für sich bestimmt. Vielleicht ist dies eines der Gründe, weshalb das Britische Empire so mächtig geworden ist. Genau aus diesem Grund wird dieses Wissen nicht an Schulen gelehrt, uns wird gebetsmühlenartig erzählt, dass die Primzahlenfolge eine sinnlose Sequenz ist, der kein Muster

innewohnt. Eine Entität hat solche eine Angst davor, das wir den heiligen Gral entdecken und somit eine göttliche Ordnung im Universum.
Rate mal wer dieses 4-Dimensionale Templer Kreuz trägt!
Dieses uralte Wissen über die 24-heit ist mitunter der Grund, weshalb unser Tag 24 Stunden hat und die Basis 12 als imperiales Vermessungssystem verwendet wird. Wer auch immer dieses Geheimnis kennt, königliches und vertrauliches Wissen hat das Potenzial die Welt zu beherrschen.

HER MAJESTY THE QUEEN

This portrait of Her Majesty The Queen was painted by Mr. Leonard Boden in 1968. Her Majesty is shown in the robes of the Sovereign Head of the Order of St. John and wearing the Insignia of the Order which were made for Queen Victoria. On November 28th, 1968, Her Majesty visited St. John's Gate, Clerkenwell, where the portrait was on view for the first time.

Abb. 14
Die Königin von England geschmückt mit dem Templerkreuz, sie zeigt uns somit ihren Anspruch auf diese heilige Geometrie.
(Bild entnommen: „The Order of St John“ von E.D. Renwick, O.St.J. 1958)

H.M. THE QUEEN, ACCOMPANIED BY H.R.H. THE GRAND PRIOR, AT THE ROYAL REVIEW, HYDE PARK, 1956.

Abb. 14a

Der Groß Prior begleitet die Queen, 1956, und trägt das Templerkreuz mit ganzem Stolz

Ich fand einen 1-Pfund Geldschein und betrachtete die Krone der Königin sehr genau. Oben einmal die Nahaufnahme und unten der ganze Geldschein.

Abb. 14b
Das sichtbare Primzahlenkreuz auf der Krone von Königin Elisabeth II

Entzückt von dieser Entdeckung, beschloss ich eine Bleistiftzeichnung davon zu erstellen. In Abbildung 14c erkläre ich die Schriftzüge innerhalb des Bildes.

Abb. 14c

„Die Königin von England, geschmückt mit dem Primzahlenkreuz“

Jains Kunst von 20.8.2008, Tanna Island, Vanuatu.

Kopiert von Einem Pfund Schein, welcher Sir Isaac Newton auf der Rückseite beherbergt. Diese zwei Kreuze finden sich auf ihrem Kronen-Chakra, Warum ist das so?

Sie regiert die materielle Welt, da sie die uralten mathematischen Mysterien versteht.

Was man ebenfalls entdecken kann sind 3 Spiralförmige Sechser = 666

und darunter sind 18 Perlen in ihrem Haar, jeweils in 6er Gruppen = 6 + 6 + 6.

Sie ist bestärkt durch die Harmonie der Schöpfung.

Du wirst dieses Symbol überall finden. Ich füge nun ein paar weitere Bilder an, von Kaiser Wilhelm II.

Abb. 15
Kaiser Wilhelm II
Trägt das königliche Wappen in vollem Ornat.
Das Malteser Kreuz, sichtbar auf seinem Herz-Chakra!

Germany (1867–1919).

Deutschlandfahne 1867-1919 (diese Abbildung und die nachfolgende ist dem Buch „Flags and Heraldry“ entnommen.

Germany (1937–1945).

Die Deutsche Flagge kombiniert die Swastika und das Malteser Kreuz in Zeiten des II Weltkriegs

Die Kaiserliche Flagge

▼ BELOW German imperial flags: (first row) 1871–1890: emperor's standard, empress' standard, crown prince's standard; (second row) 1890–1918: emperor's standard, empress' standard, crown prince's standard.

Flagge des Preußischen Kronprinzen.

Abb. 16
Die Deutschlandfahnen in verschiedenen Epochen zeigen ganz klar die Symbolik des Templer Kreuzes.

∞ 6.Kapitel ∞

Die Atomare Kunst des MAGISCHEN QUADRATES 3x3

KAPITEL INHALT

ERSTER TEIL

Das mosaikartig aufgebaute Magische Quadrat 3x3 lässt die Atomare Struktur des Kristallgitters eines Diamanten entstehen

- Wie man ein Magisches Quadrat 3x3 Yantram entstehen lässt
- Wie man mit dem Magischen Quadrat, 81mal mit abwechselnden Neigungen von 90°gedreht, eine Mosaikarbeit anfertigt.
- Annie Besant und Charles Leadbeater, zwei hellsichtige Theosophen
- Die Atomare Struktur des Diamanten Kristallgitters in 2-Dimensionaler Form

ZWEITER TEIL

Solomons Siegel oder Solomons Stern entsteht aus dem Magischen Quadrat 3x3

- Das natürliche Quadrat 3x3 wird Zeile für Zeile analysiert
- Die drei Reihen des Magischen Quadrats individuell in die Matrix der 9 Punkte eingefügt
- Das Muster aus drei Reihen im 90° Winkel übereinandergelegt
- Die „Mikro-Psi Ansicht" des Beryllium Kristalls von Charles Leadbeater
- Das Siegel Solomons bei 0° + 90° Yantram
- Das Pentagramm des Rabbi Solomon dem König von Jerusalem

ERSTER TEIL

Das mosaikartig aufgebaute Magische Quadrat 3x3 lässt die Atomare Struktur des Kristallgitters eines Diamanten entstehen

Hier finden wir einen unglaublichen Zusammenhang zwischen Magischen Quadraten und Atomarer Kunst. Als erstes müssen wir wissen und lernen, wie ein Magisches Quadrat 3x3 konstruiert wird.

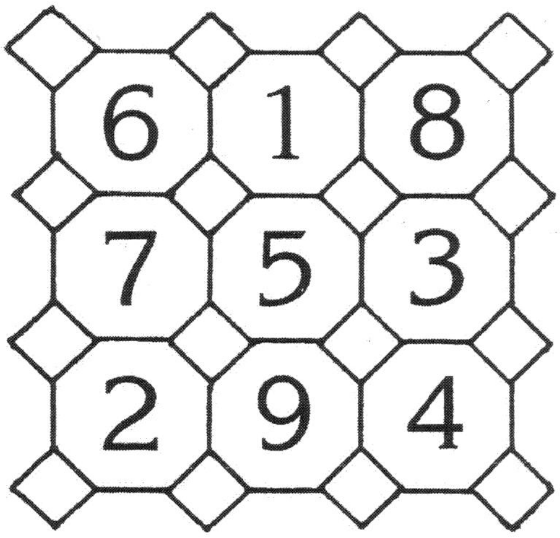

Abb. 1a

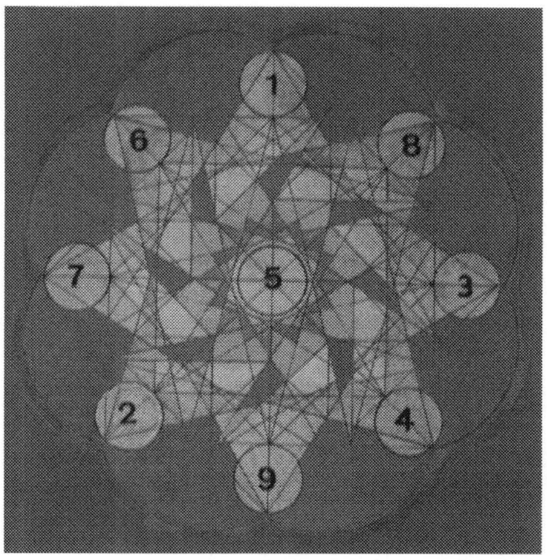

Abb. 1b

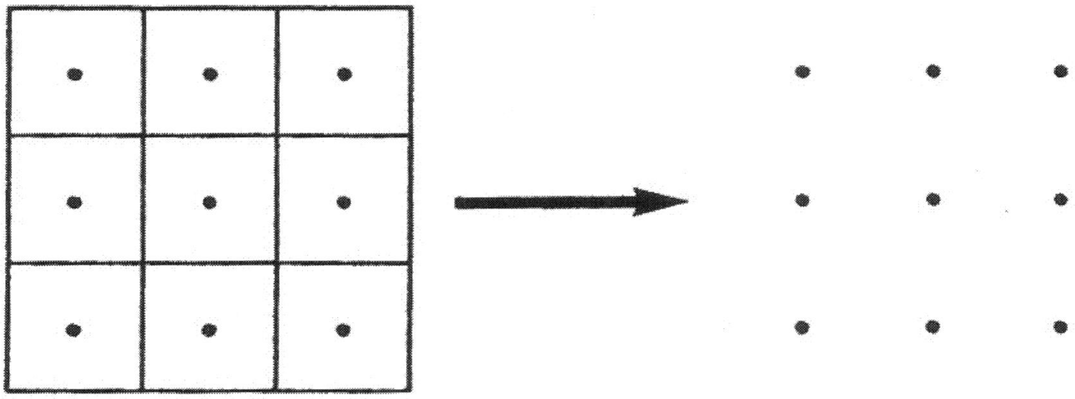

Abb. 1c

Abb. 1

Wie man ein Magisches Quadrat 3x3 Yantram konstruiert

Die 9 Zahlen des Lo-Shu werden von den 9 Punkten repräsentiert

In Abbildung 1 siehst Du eine von 8 möglichen Arrangements des Lo-Shu. Abbildung 1a sehen wir nur die Ziffern und in Abbildung 1b wie genau diese Zahlen auf Kreative Art und Weise in das Magische Quadrat aus 5 eingesetzt werden. Dieses Bild wurde von Jain erstellt (aus einem seiner früheren Werke „Join the Dots").

Die Abbildung 1c zeigt uns wie die 9 Zahlen nun aus Punkten bestehen, jeder Punkt im Zentrum einer Zelle.

Um Zahlen in Kunst zu verwandeln, wie in Abbildung 2, suchen wir symbolisch gesehen nach Ordnung im scheinbaren Chaos. Wir zeichnen eine lange, ungebrochene Linie von der 1 zur 2 zur 3 bis wir bei der 9 ankommen. Anschließend verbinden wir den Kreislauf, indem wir die letzte Linie von der 9 zurück zur 1 ziehen - sprich das Omega zurück zu Alpha.

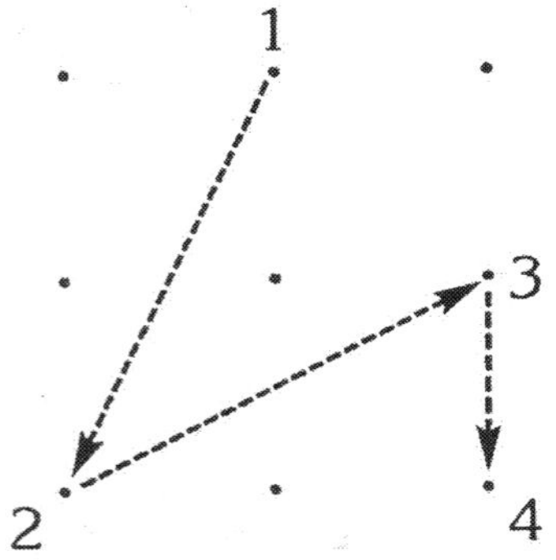

Abb. 2a

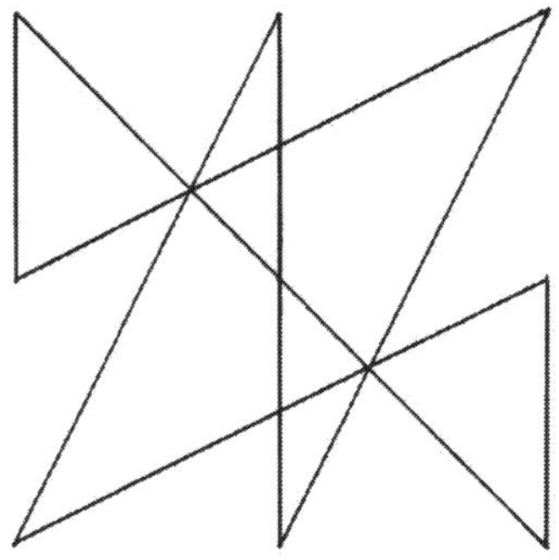

Abb. 2b

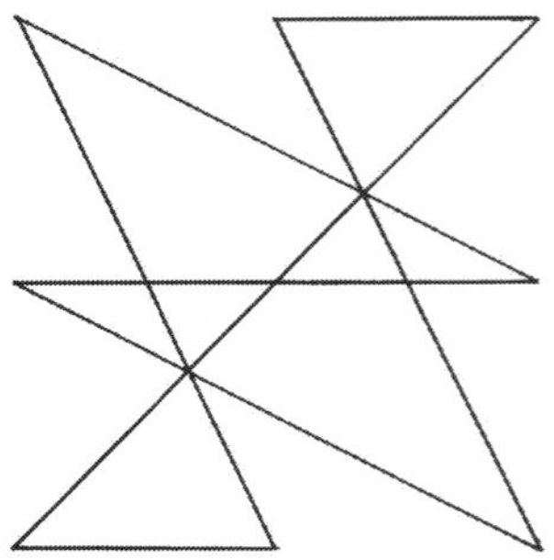

Abb. 2c

Abb. 2d

Abb. 2 - Wir kreieren das Magischen Quadrat 3x3 Yantram

Abb. 2a zeigt uns wie wir beginnen, indem wir die Linie von 1 zu 2 usw. ziehen.
Abb. 2b ist das komplette Muster mit der finalen Verbindung zwischen der 9 und der 1.
Technisch gesehen haben wir hier ein Magisches Quadrat 3x3 Yantram von 0°, d.h.: diese Zeichnung stellt seine pure, un-transformierte, nicht-rotierte Form dar.
Abb. 2c zeigt uns das komplette Muster, welches jedoch um 90° rotiert wurde. Entweder im oder gegen den Uhrzeigersinn. Die Form bleibt die gleiche. In dieser Darstellung können wir es auch Magisches Quadrat 3x3 Yantram rotiert mit 90° nennen.
Abb. 2d stellt die inkomplette Form von Abb. 2b dar und beinhaltet einen phantasievollen Schriftzug: „Dies ist ein Zeichne Dein Eigenes Magisches Quadrat Muster, Verbinde die Punkte von 1 nach 2 und dann nach 3 bis zur letzten Zahl, Male es aus, Beachte die Anleitung, Sei Kreativ, Heilige Geometrie, Multi-Kulturell, Aktivitätsbuch für Kinder und Erwachsenen Aller Altersgruppen".

Wenn wir uns nun vorbereiten, das Magische Quadrat mosaikartig aufzubauen, interessieren uns ausschließlich die Abbildungen 2b und 2c. Abb. 3 zeigt, wie wir das Muster entstehen lassen können, indem wir die Quadrate abwechseln, einmal bei 0° und bei 90°.

0°	90°	0°	90°	0°
90°	0°	90°	0°	90°
0°	90°	0°	90°	0°
90°	0°	90°	0°	90°
0°	90°	0°	90°	0°

Abb. 3a

Abb. 3b

Abb. 3
Instruktionen wie man ein Magisches Quadrat rotiert, um es 25 Mal mosaikartig aneinanderzureihen, immer abwechselnd mit 90°. Die ersten drei Muster wurden eingefügt, um zu zeigen wie es voranschreitet.

Abb. 4a

Das Magische Quadrat 3x3 neun Mal mosaikartig aneinandergereiht, mit abwechselnden Drehungen, bei 90°

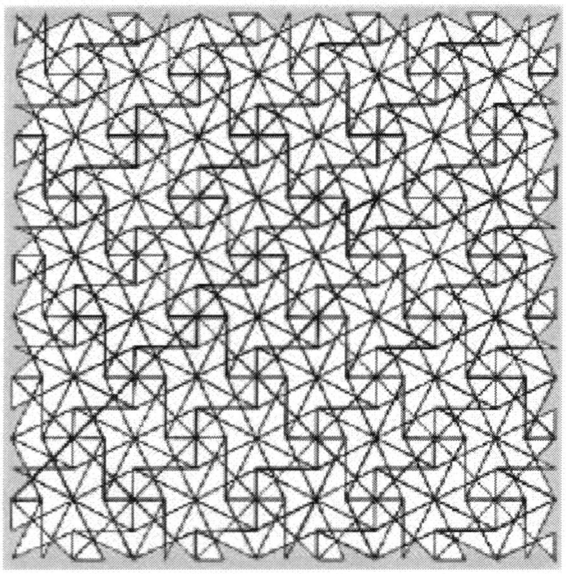

Abb. 4b

Das Magische Quadrat 3x3 81mal mosaikartig aufgebaut mit abwechselnden Drehungen á 90°

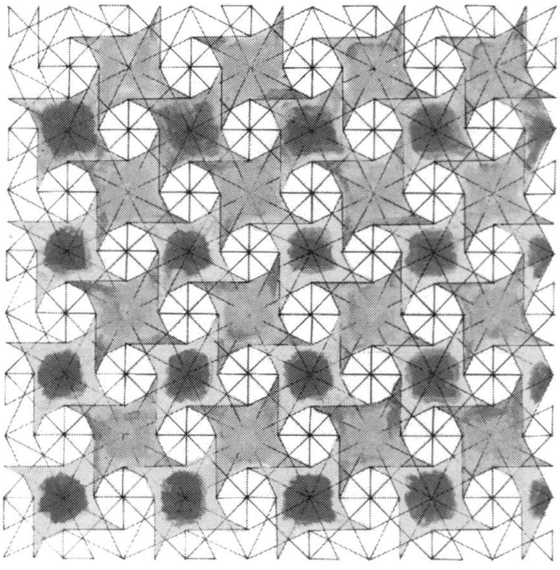

Abb. 4c

Das gleiche Muster wie in Abb. 4b durch kreative Isolation ausgemalt.

Abb. 4

Das Magische Quadrat 3x3
9 und 81mal mosaikartig aneinandergereiht und abwechselnd um 90° gedreht.

Wir richten nun unser Augenmerk auf die Figur 4b und erschaffen eine Verbindung mit diesem Muster und der Schattenfigur, die die Atomare Kristalline Struktur eines Diamantengitternetzes darstellt.
Als erstes möchte ich jedoch zwei nennenswerte Theosophen vorstellen, die vor über 100 Jahren in Indien lebten, Charles Leadbeater und Annie Besant. Beide waren in der Lage in die Atomare Welt einzutauchen und das was sie sahen auch aufzuzeichnen! Diese Kunst nennen wir „Mikro-Psi-Kunst" und wurde der „Okkulten Chemie" nachgebildet.
(Erste Ausgabe von 1908. Untertitel: Erforschung der Atome des Periodensystems und einiger Gemische, durch die hellsichtige Lupe)

Abb. 5
Annie Besant und Charles Leadbeater, zwei hellsichtige Theosophen
(deren Arbeit mit der Sichtweise der Quantenphysik aufeinanderprallt, da die Ansätze ganz unterschiedlicher Natur sind.)

Abbildung 6 zeigt uns zwei sehr ähnliche Muster, das erste wurde durch ein Kind gemalt, welches die Kunstform der Magischen Quadrate verwendete, und das zweite entsprang einer hellsichtigen Sicht auf ein Diamantengitternetz.

Abb. 4b
Hier nochmal etwas größer dargestellt

Abb. 6
Atomare Struktur eines Diamantengitternetzes in 2-Dimensionaler Form, hellsichtig gesehen von C. Leadbeater und A. Besant

"Magic Squares contain a lesson of great value in being a palpable instance of the symmetry of mathematics, throwing thereby a clear light upon the order that pervades the universe wherever we turn, in the infinitesimally small interactions of atoms as well as in the immeasurable domain of the starry heavens".

Paul Carus in W.S. Andrews
Magics Squares and Cubes

This border has been created from the same Magic Square of 3x3 Pattern tessellated at alternatively at 0 & 90 degrees, but in a creative context.

„Magische Quadrate enthalten eine Lektion von großer Bedeutung, da sie eine greifbare Instanz der mathematischen Symmetrie darstellen. Sie bringen ein klares Licht in die Ordnung, die das Universum durchdringt. Wo Du auch hinsiehst, findest Du sie. In den allerkleinsten Interaktionen der Atome, aber auch in den unermesslichen Größen der Sternenhimmel."

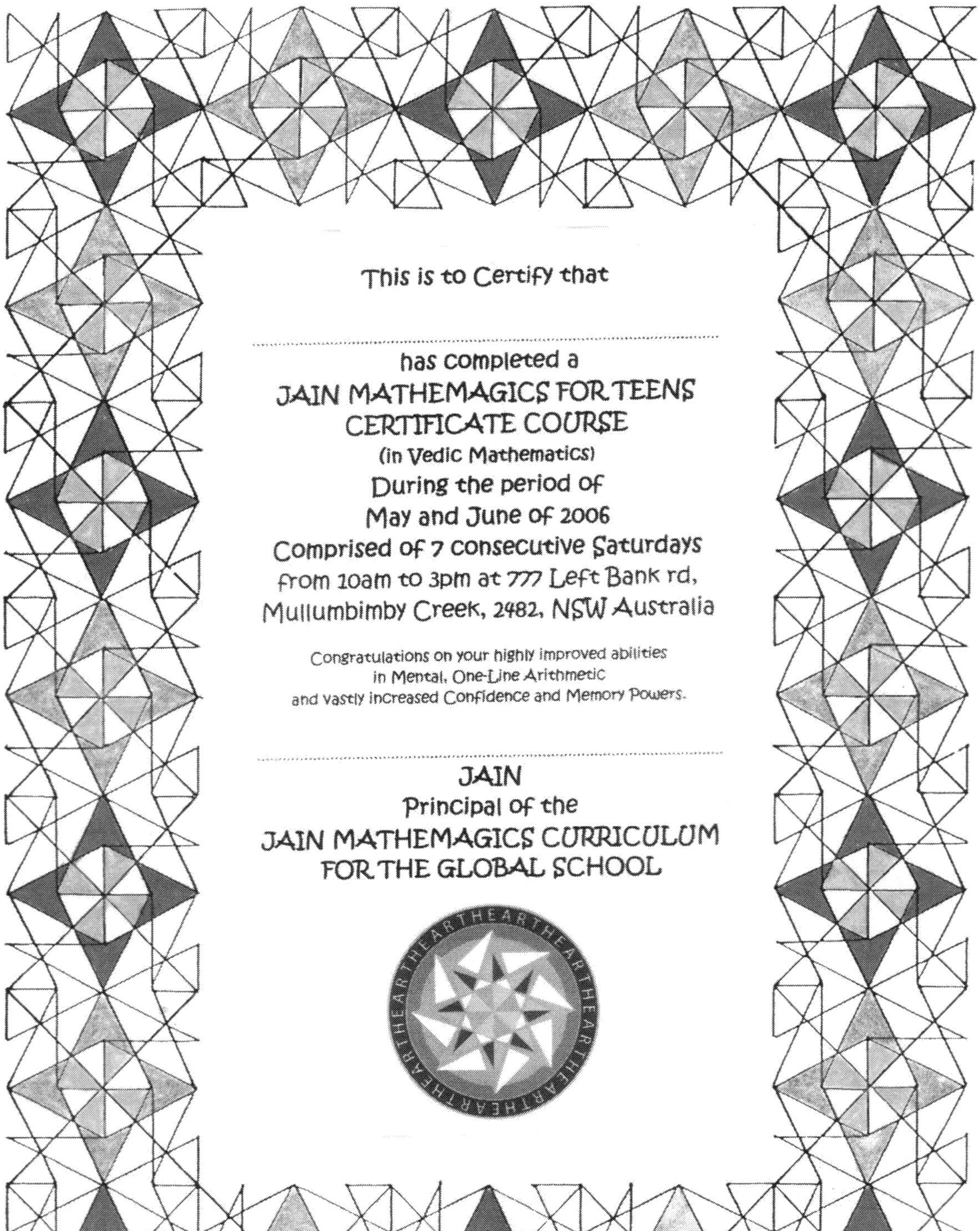

This is to Certify that

....

has completed a

JAIN MATHEMAGICS FOR TEENS

CERTIFICATE COURSE

(in Vedic Mathematics)

During the period of

May and June of 2006

Comprised of 7 consecutive Saturdays

from 10am to 3pm at 777 Left Bank rd,

Mullumbimby Creek, 2482, NSW Australia

Congratulations on your highly improved abilities
in Mental, One-Line Arithmetic
and vastly increased Confidence and Memory Powers.

....

JAIN

Principal of the

JAIN MATHEMAGICS CURRICULUM

FOR THE GLOBAL SCHOOL

Abb. 7

Ein von Jain handgezeichneter Rahmen, unter Verwendung des abwechselnd gedrehten Yantras von Lo-Shu.
Dieses Design wird als Zertifikat für Jain´s Schüler verwendet.

ZWEITER TEIL

Solomon´s Siegel oder Stern von Solomon entsteht aus dem Magischen Quadrat 3 x 3

Genaue Analyse des Lo-Shu (des Magischen Quadrats 3 x 3)

Was geschieht nun, wenn wir jede einzelne horizontale Linie des Magischen Quadrates 3x3 (Abb.1) hernehmen und genau identifizieren wo diese Zahlen-Drillinge in einem Natürlichen Quadrat 3x3 (Abb.2) liegen. Solomon´s Siegel oder der Davidsstern entsteht, eine weitere wahrhaftige Form der Atomaren Kunst (jedoch mit der zusätzlichen 7-5-3 Achse, die mit der Beryllium Rotation, um das Zentrum der Masse identisch ist. Siehe Abbildungen 5a und 6)

Um dieses Phänomen zu beleuchten verwenden wir einen Prozess, den ich „Zeile für Zeile Analyse" nenne, der drei horizontalen Linien oder Reihen des Magischen Quadrats 3x3 aka Lo-Shu.
Jede einzelne der drei Zeilen wird individuell in das Natürliche Quadrat siehe Abbildung 2 eingefügt.
1. Zeile: (6 – 1 – 8)
2. Zeile: (7 – 5 – 3)
3. Zeile: (2 – 9 – 4)
Um Zahlen in Kunst verwandeln zu können ist es notwendig, jede Zahl oder Zelle symbolisch durch einen „Punkt" zu ersetzen, um eine einfache 3x3 Matrix mit 9 Punkten zu erschaffen. Diese 9 Punkte repräsentieren in Wirklichkeit die Zahlen des Natürliches Quadrats (des Öfteren in Abb. 3 gesehen).

Es ist als ob wir fragen würden: Wie würde das Muster für (6 – 1 – 8) in einem Natürlichem Quadrat aussehen? (Abb.3a) usw.

Wenn wir nun diese drei Reihen untersuchen, bemerken wir, dass zwei der Figuren dreieckig sind und eine ist „nur" eine gerade Diagonale Linie (gezeigt in Abb.4), die eine metaphysische Anziehungskraft besitzt. Beachte auch, dass die zwei Dreiecke (3a und 3c) verlängert sind! (Sie besitzen die Ratio der Wurzel 5, symbolisch kennzeichnend für die Phi Ratio /Goldener Schnitt. Diese Mathematik wird im Lehrerhandbuch noch weiter vertieft)

6	1	8
7	5	3
2	9	4

Abb. 1
Das Magische Quadrat
3 x 3

1	2	3
4	5	6
7	8	9

Abb. 2
Das Natürliche Quadrat
3 x 3

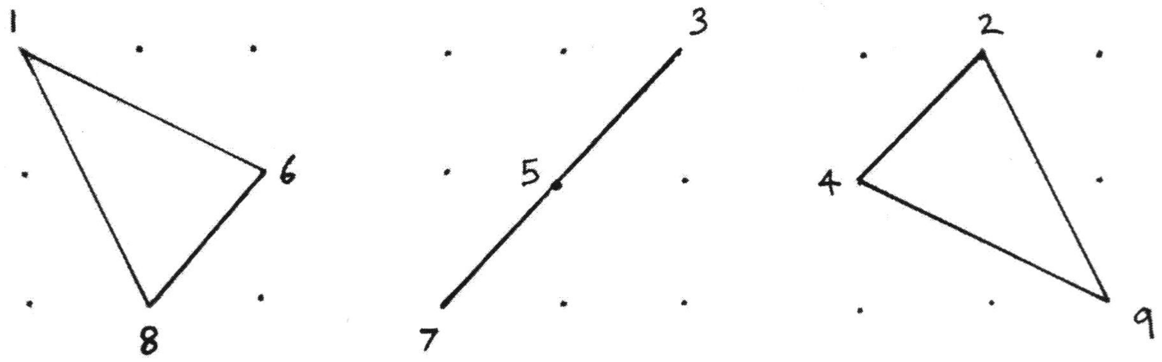

Abb. 3
Die 3 Reihen des Magischen Quadrats, individuell in eine Matrix aus 9 Punkten eingefügt

„Zeile für Zeile Analyse" des Magischen Quadrats 3 x 3

Unsere nächste Aufgabe ist, zu fragen: Was würde passieren wenn wir diese 3 Formen übereinanderlegen, so als wären sie alle auf Transparentpapier gezeichnet worden. Es würde die Abb. 5 entstehen.

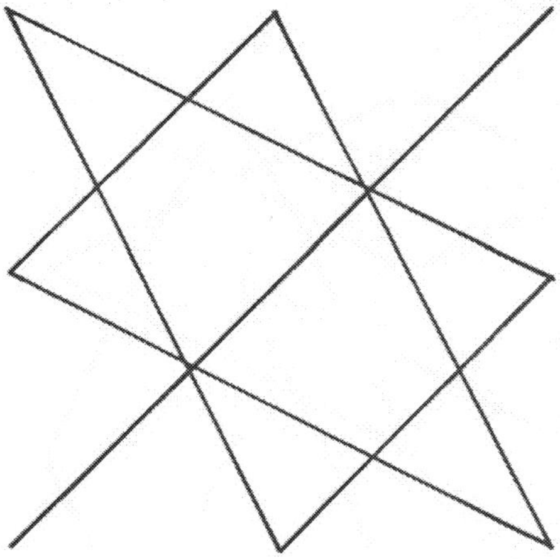

Abb. 4
Die Drei Reihen übereinander formen den verlängerten Davidsstern

Abb. 8a
Das Muster der Drei Reihen im 90° Winkel übereinander gelegt. (Siehe Abb. 8)

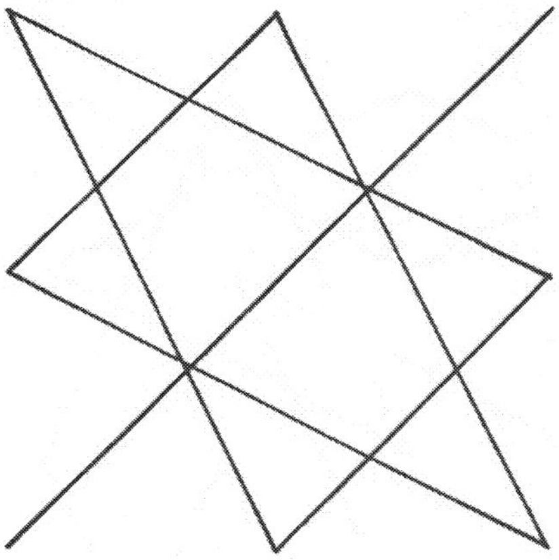

Abb. 4
Schattenform des Beryllium Kristalls

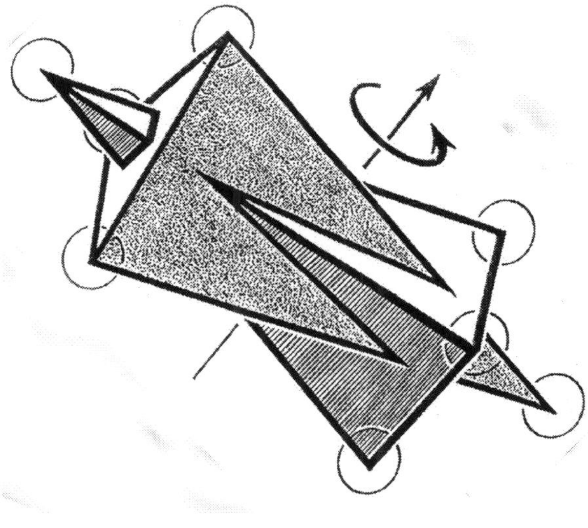

Abb. 5a
3-Dimensionale Form des abgeschnittenen Beryllium (6)

Abb. 5

Wir haben auf mathematische Art und Weise die Form von Berylliium abgeleitet (3-Dimensional) durch die Zeile für Zeile Analyse des MQ. 3x3. Dies nennt sich „die Wandlung" von einer Höheren (3-Dim.) in eine Niedrigere (2-Dim.) Schattenform (5a).

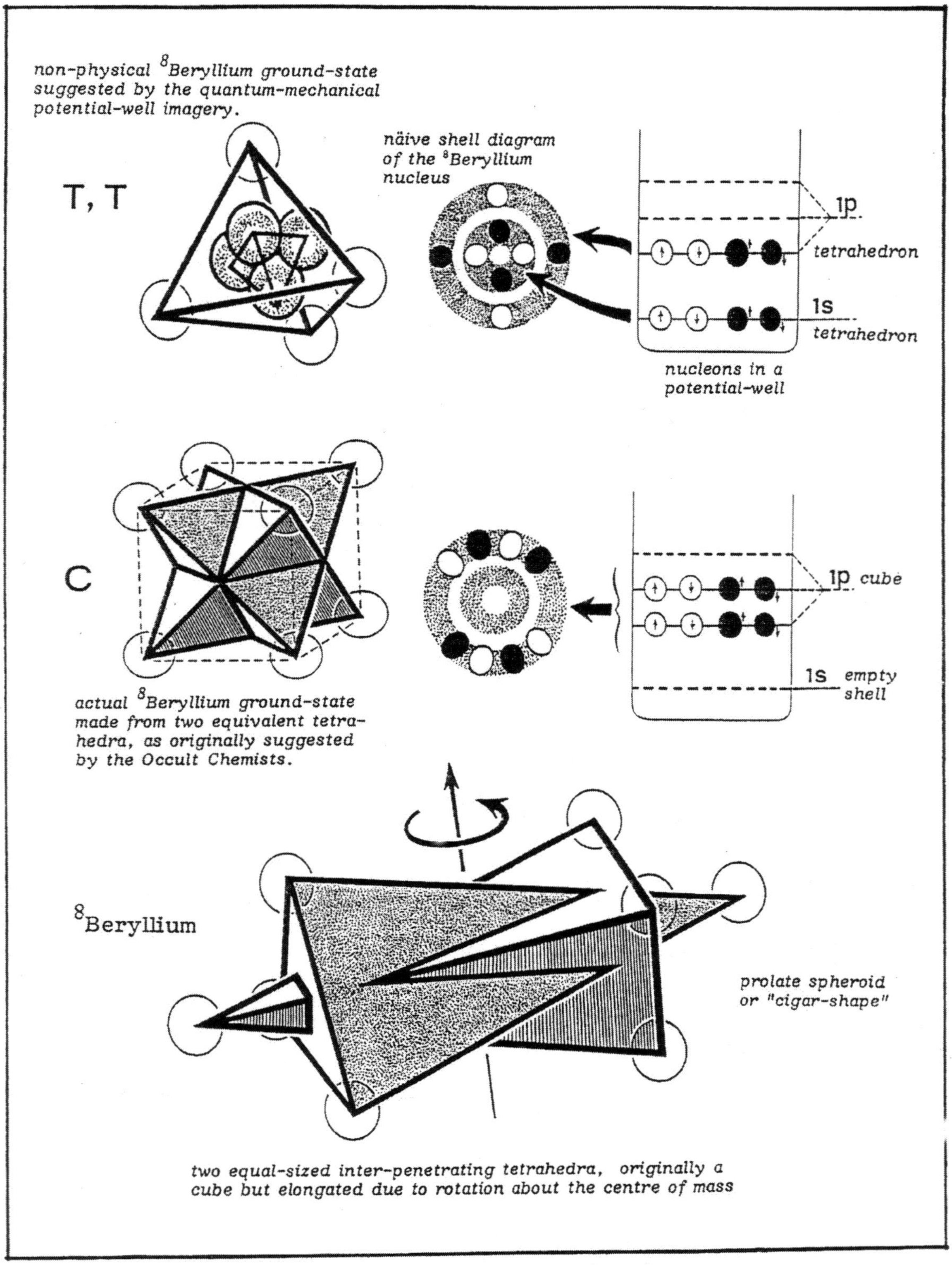

Abb. 6

Diese „Mikro-Psi-Ansicht" ist ein Nachdruck von Chris Illerts „Alchemie", der eine detaillierte Rede über Charles Leadbeaters nicht-mehr-erhältlichem, über hundert Jahre altem Buch „Okkulte Chemie" gehalten hat.

(Leadbeater, mit seiner seltenen „Mikro-Psi“ Fähigkeiten, wie z.B. Fern-Sehen, war in der Lage vor über hundert Jahren, die Monde Jupiters in vollem Detail zu beschreiben, ohne dabei ein Teleskop oder moderne Technologie anzuwenden).

Dies ist meine Interpretation der 3 Hauptdiagramme in Abb. 6:

- Das Diagramm oben links stellt die Art und Weise dar, wie die Quanten Physik die atomare Struktur des Beryllium Kristalls sieht, ein kleiner Tetraeder in einem größeren Tetraeder. (Vergiss nicht, dass die Quanten-Physik Teilchen im Zyklotron zerstört und dies eine destruktive, zweifelhafte und falsche Herangehensweise darstellt.)

- Das darunter liegende Diagramm zeigt uns die Sichtweise der Heiligen Geometrie oder Okkulten Chemie auf die atomare Struktur des Berylliums, welche zwei sich gegenseitig penetrierende Tetraeder aufweist, die letztendlich einen Würfel formen. (Denke daran, dass Okkulte Chemiker luzide Träume haben und Seelenreisen unternehmen, um das große Bild zu sehen ohne Schaden hervorzurufen).

- Das Diagramm ganz unten besagt:
„Zwei gleichgroße inter-penetrierende Tetraeder, die ursprünglich ein Würfel waren, aber durch die Rotation um das Zentrum der Masse verlängert wurden“.
Ich vermute, dass diese zwei Hellseher, Charles Leadbeater und Madame Besant zwei verlängerte Tetraeder im Phi Ratio gesehen haben, dies passiert wenn die Basisseite der Dreiecke den Wert 1 beträgt und die zwei anderen Seiten somit den Wert 1.618... aufweisen.

Ist die Kunst der Magischen Quadrate somit eine Hintertür zur Nuklearer Physik? Zeigt mein naives Diagramm des Schattens von Beryllium, welcher wiederum ein Schatten einer 3-Dimensionalen Kristallinen Form darstellt, dass die Nukleare Physik das ganze Bild nicht sieht indem sie Teilchen zerstört und somit verblendet ist?
Sogar die zweite Zeile der Zahlen (7 – 5 – 3), stimmt genau mit der Pfeilförmigen Linie an der Basis in Abb. 6 überein.

Kannst Du erkennen wie dieses 3.Diagramm den Schatten eines verlängerten Sternentetraeders darstellt?
Nun haben wir in Kürze auf ganz effiziente Art, Atomare Kunst und Heilige Symbole erschaffen, und das aus der simpelsten Anordnung von Zahlen: aus dem Natürlichen und aus dem Magischen Quadrat.

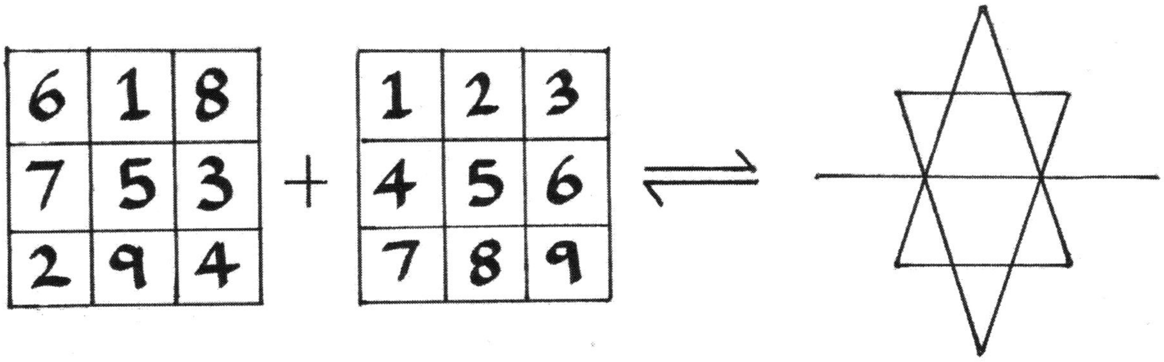

Abb. 7
Die Muster der 3 Reihen dem Natürlichen Quadrat gegenübergestellt

Dies ist eine phantasievolle Form dessen, was wir bisher erreicht haben:

Wir haben uns die einfachsten Dinge aus allen Bereichen der Mathematik herausgepickt: Das Natürliche Quadrat (es geht gar nicht einfacher als ein Quadrat mit den Zahlen 1-9 zu erstellen in ihrer natürlichen Reihenfolge), eins nach dem anderen eingefügt und schlussendlich sind wir bei einem heiligen Symbol angekommen.

Wenn wir uns diese Abbildung herausnehmen und sie mit einer 90° Drehung, wieder über sich selbst legen, entsteht daraus eine noch symmetrischere Form, die dem Siegel des Königs Solomon sehr ähnlich sieht.

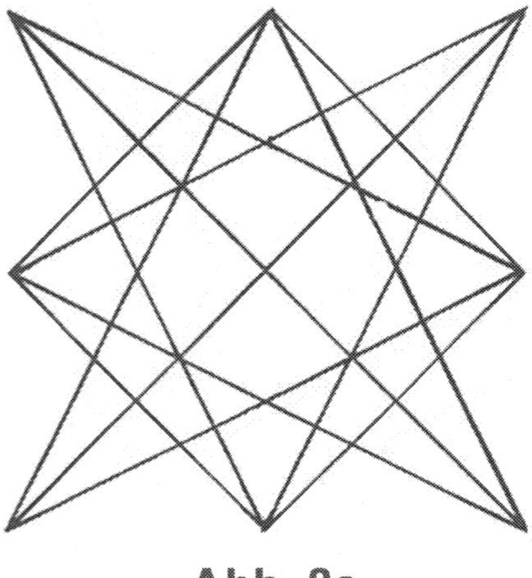

Abb. 8a
Das Siegel Solomons bei 0° + 90° Yantra

Abb. 8b
Das Pentagramm des Rabbi Solomon, dem König von Jerusalem

Abb. 8

Hier ist nun der gleiche idealisierte Stern von Abb. 4 gezeigt, jedoch ist dieser um 45° gedreht, so dass die Spitze des verlängerten Dreiecks im Zenit steht (um auszusehen wie in Abb.7).
Wenn wir beginnen dieses Muster über sich selbst zu legen, beginnt es fast genauso auszusehen wie das Diagramm in Abbildung 8b.

Abb. 9
Die zwei verlängerten Davidsterne übereinander gelegt bei 0° + 90°
Um 45° gedreht, damit eine neue Perspektive entstehen kann.
(Auch die zwei Diagonalen die durch das Zentrum laufen würden, wurden entfernt)

Was hier äußerst interessant ist, dass das Finale Diagramm (Abb.9) mit König Solomons Siegel oder dem übersinnlichem Emblem in Abbildung 8b, identisch ist.
Wir sehen hier das Pentagramm eines der großartigsten Rabbis oder Könige der Menschheitsgeschichte. Dieses mächtige Bildzeichen basierte auf einem bescheidenen Magischen Quadrat 3x3, welche die Galaktische Mathematik mit dem Basiswert 9 repräsentiert und einen 6-eckigen Stern entstehen lässt, der wiederum aus 3 Quadraten entstanden ist.
Auch Nikola Tesla schenkte dieser Symbolik der 3 – 6 – 9 Beachtung, der Mann der dieser Welt so viele Gaben brachte. Das Fernsehen, den Radar, das Radio, Datenübertragung auf weite Distanz, Freie Energie Systeme u.v.m.
Er sagte wortwörtlich:

„WENN DU DIE GROSSARTIGKEIT DER ZAHLEN DREI, SECHS und NEUN ... 3 – 6 – 9... KENNEN WÜRDEST, HÄTTEST DU DEN SCHLÜSSEL ZUM UNIVERSUM.“
- NIKOLA TESLA -

∞ KAPITEL 7 ∞

DER DAVIDSTERN
entstanden aus den Zahlen 1 – 7

The STAR of DAVID derived from the NUMBERS 1 to 7

KAPITEL INHALT:

- Uraltes Rätsel
- Eigenschaften des Davidsterns entstanden aus den Zahlen 1 – 7
- Die Fraktale, rekursive oder sich wiederholende Teilung eines Dreiecks, bekannt als die Koch´sche Schneeflocke
- Wie man Zahlen in Kunst verwandelt
- Das Koptische Kreuz
- Das UniKursale Hexagramm

(die biologische Form des Davidsterns entnommen aus „l´Archeometry" von Saint Yves D´Alveydre)

DER DAVIDSTERN entstanden aus den Zahlen 1 - 7

Hier ein uraltes Rätsel:

Dir sind 7 fortlaufende Zahlen gegeben (d.h. eine nach der anderen, in ihrer natürlichen Reihenfolge), so wie Spielkarten von 1 bis 7. Wie kannst Du diese Zahlen arrangieren, das 6 von ihnen in einem Hexagon liegen (einem Kreis der in 6 Teile geteilt ist und somit 6 Seiten hat) und eine von Ihnen im Zentrum, die drei entstandenen Säulen in ihrer Summe jeweils 12 ergeben und die 3 gegenüberliegenden Paare in ihrer Summe doppelt soviel betragen, wie die Zahl in der Mitte?

Du müsstest die Zahlen in so einem Diagramm hineinschreiben:

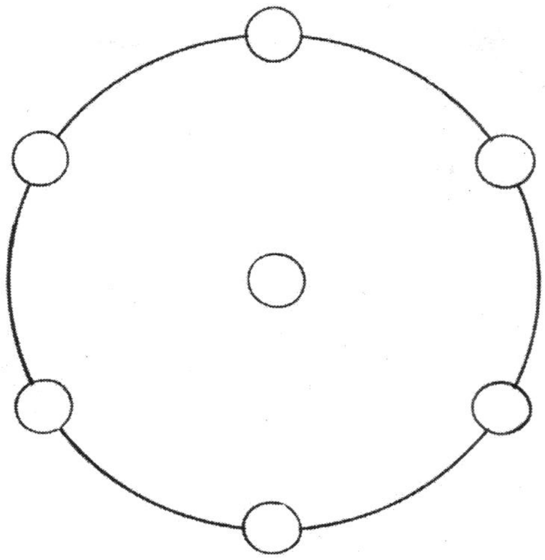

Abb. 1
Ein rundes Brett mit hexagonaler Teilung,
um die 7 fortlaufenden Zahlen einzufügen,
so dass alle drei Säulen und andere Merkmale, die gleichen Summen ergeben.

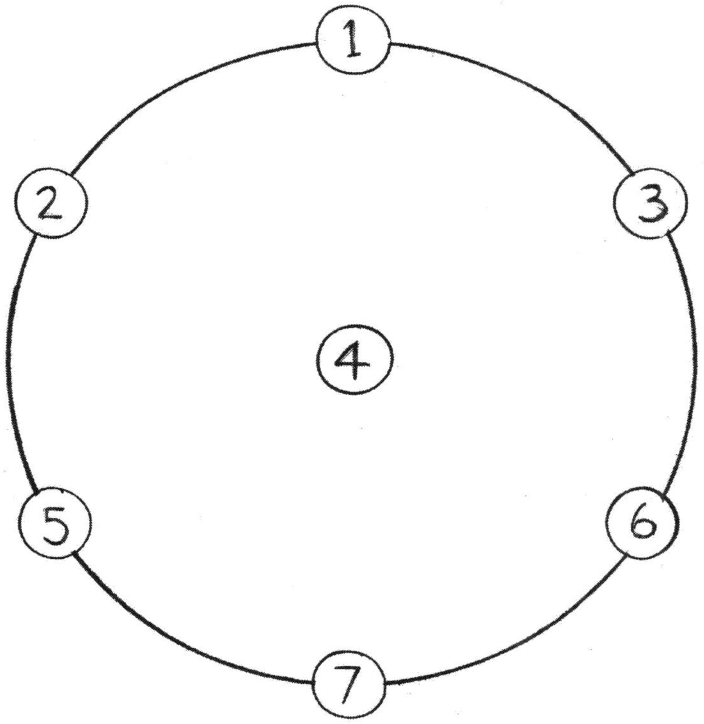

Abb. 2
Lösung des Rätsels
Alle Säulen ergeben die Zahl 12 und die der Mitte gegenüberliegenden Paare, ergeben in ihrer Summe 8.

EIGENSCHAFTEN DES DAVIDSTERNS ENTSTANDEN AUS DEN ZAHLEN 1 – 7

- **Die 3 Säulen aus 3 Zahlen haben eine konstante Magische Summe von 12. Sie beinhalten:**

  1 + 4 + 7 = 12
  2 + 4 + 6 = 12
  3 + 4 + 5 = 12

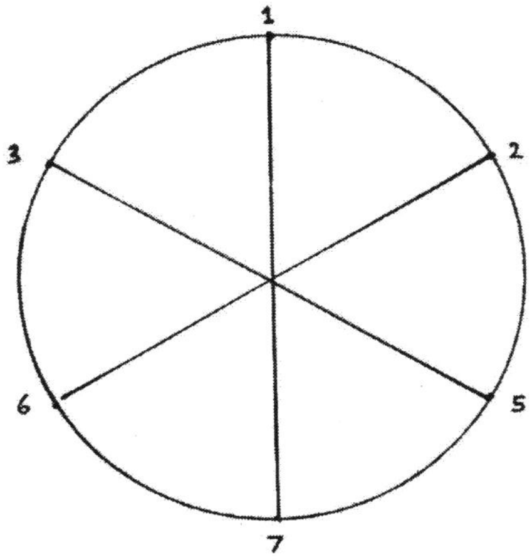

Abb. 3a
Rundes Diagramm, welches uns die 3 Achsen zeigt,
welche die 3 Säulen repräsentieren.
Es wird vorausgesetzt, dass die Zahl 4 immer im Zentrum liegt.

- **Die 3 gegenüberliegenden Paare bilden jeweils eine Summe von 8. Sie beinhalten:**
  1 + 7
  2 + 6
  3 + 5

- **Diese Paare sind immer das Doppelte der Mitte (4). Keine andere Zahl könnte diese wichtige Position in der Mitte übernehmen, ohne die Magie dieses Musters zu zerstören. Darum ist „4“ der entscheidende Punkt.**

- **Die zwei großen Dreiecke ergeben auch jeweils 12 in ihrer Summe. Sie beinhalten:**
  1 + 5 + 6 = 12
  2 + 3 + 7 = 12

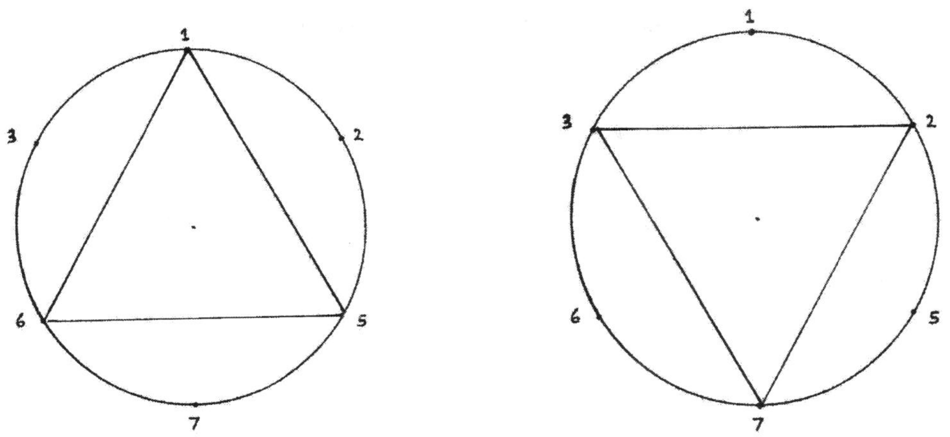

Abb. 3b
Die zwei Dreiecke, die in ihrer Summe 12 ergeben.
Eines ist aufrecht, das andere umgedreht.

Innerhalt der Esoterischen Lehre, wird das aufrechte Dreieck als Sonnensymbol gesehen, als Solares oder maskuline Energie. Die Form kann durchaus Phallus-ähnlich wirken, im Vergleich zu dem nach unten gerichteten Dreieck, welches der Gebärmutter ähnelt und genau aus diesem Grund der Mond – bzw. der Femininen Energie zugeschrieben wird. In der Alchemie werden spezielle Symbole in dieser Richtung benannt.

- **Die 2 Dreiecke zusammen ergeben nun in ihrer Summe 24. Sie formen den traditionellen Davidsstern, auch bekannt als das Siegel Solomons. Die Zahlen beinhalten:**

  1 + 5 + 6 = 12
  2 + 3 + 7 = 12

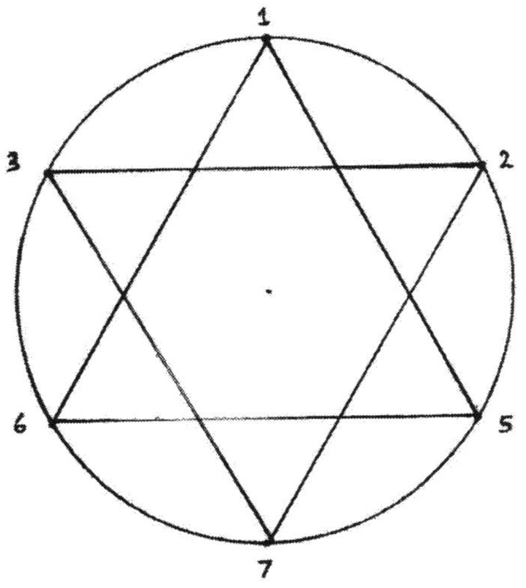

Abb. 3c
Zwei verflechtete, sich gegenseitig durchdringende Dreiecke, deren kombinierte Summe 24 ergibt.

- **3 Rechtecke aus 4 Zahlen summieren sich zur Zahl 16. Sie beinhalten:**

  1 + 2 + 6 + 7 = 16 (siehe Abb. 3d)
  2 + 3 + 5 + 6 = 16
  1 + 3 + 5 + 7 = 16
  Diese Summe ergibt wieder das Doppelte von gegenüberliegenden Paaren (8).

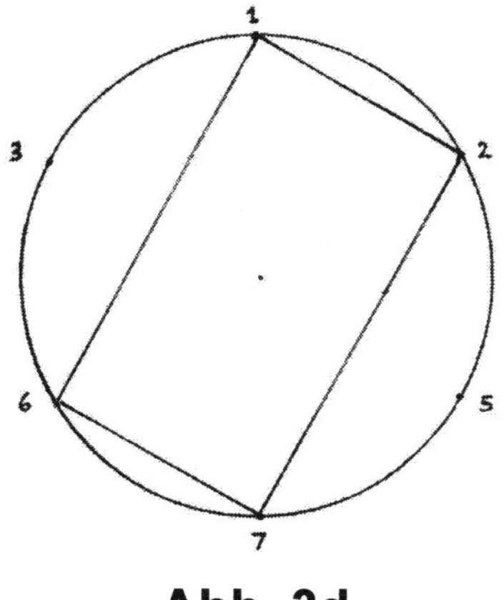

Abb. 3d
Eines von drei möglichen Rechtecken aus 4 Ziffern, die in ihrer Summe 16 ergeben.

Die sich gegenseitig durchdringenden männlichen und weiblichen Dreiecke (siehe Abb. 3c) wurden als Fruchtbarkeitssymbol betrachtet. Dieses Konzept der Fruchtbarkeit kann im Kristall der Davidsterns erkannt werden da er sich in einem konstantem Zustand des Wachstums befindet. Dieser entsteht, wenn er in der ganzen Form, jeweils in jede 6.Teilung oder in kleinere Kreise, eingefügt wird. Dies kann bis in die Unendlichkeit fortgeführt werden, ein Prozess in dem Selbst-ähnliche Formen immer wieder wiederholt werden, ohne zu zerstören oder zerstört zu werden. Dies nennen wir Fraktale Geometrie, die Mathematik der Unendlichkeit; Ein sehr spannendes Feld der Mathematik, das immer mehr Studenten anzieht.

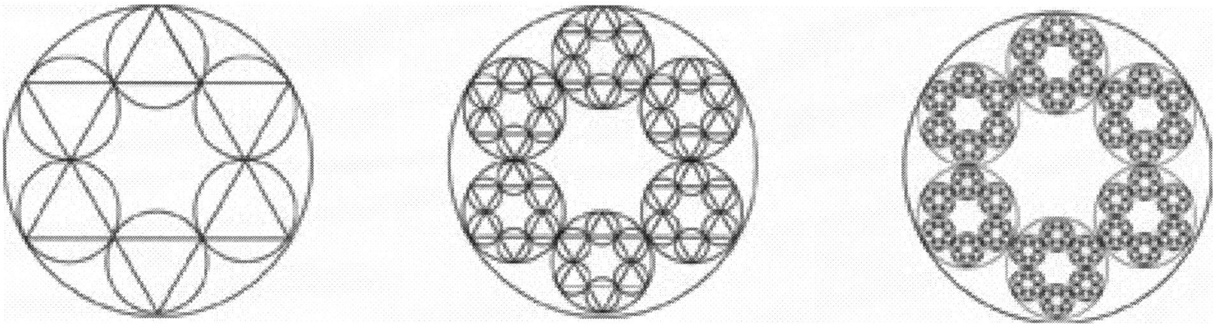

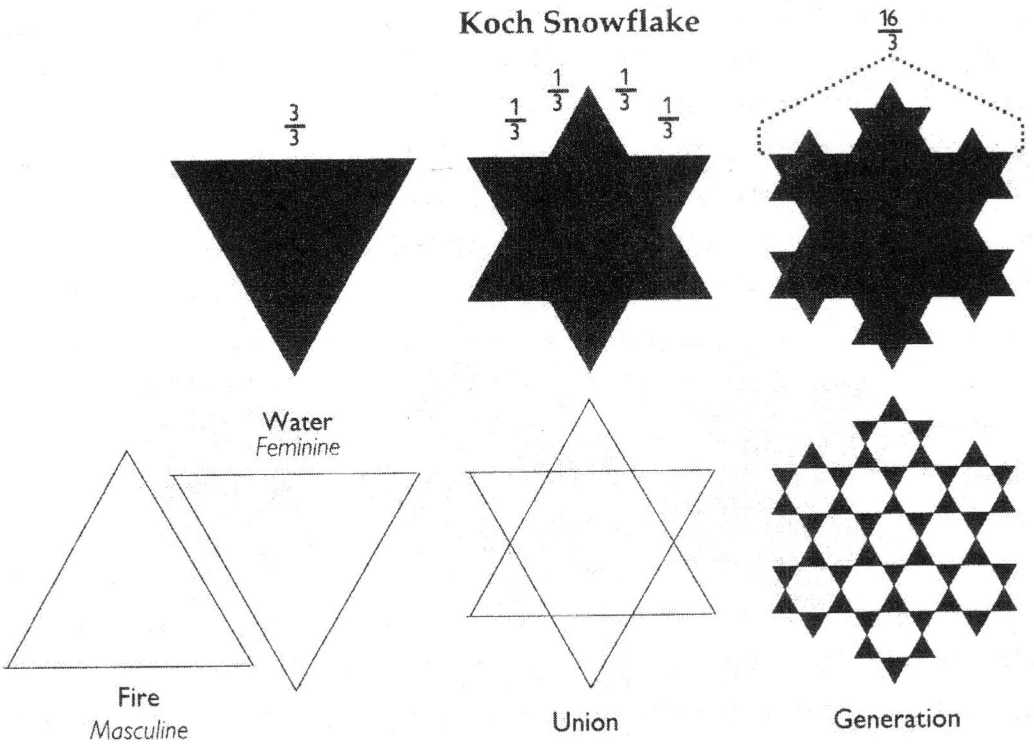

Abb. 3e
Die fraktale, rekursive oder sich wiederholende Teilung der Dreiecke, auch bekannt als die **Koch´sche Schneeflocke.**

An diesem Punkt ist es wichtig zu wissen, wo sich diese hexagonalen Kacheln in der Natur befinden. Das beste Beispiel hier, das wir alle kennen ist der Bienenstock. Jedoch habe ich noch ein seltenes Foto geschossen, von einer unbekannten Insektenart, die ihre Eier auf einem Rauken Blatt ablegt:

Abb. 3f
Das hexagonale Muster von Insekteneiern.
Foto von Jain geschossen, um der Natur effizienteste Art des Verpackens darzustellen.

Abb. 3g
Die wunderschöne hexagonale Form eines Bienenstocks.

WIE MAN ZAHLEN IN KUNST VERWANDELT

Gerade haben wir gesehen, wie der Davidstern in Abbildung 3c entstanden ist (Zwei einander durchdringende Dreiecke, die in ihrer Summe 24 ergeben), jedoch ist dies nur ein Nebenbefund; es gibt noch eine andere Art und Weise, die eine Verbindung gleicher Zahlen beinhaltet, jedoch in einer linearen oder fortlaufenden Reihenfolge.

Der Prozess der Umwandlung von Zahlen in ein heiliges Symbol, benötigt die Vorstellung eines einfacher kreisrunden Netzes mit 7 Punkten, siehe Abbildung 4.
Dieses entstandene Design wird fälschlicherweise Mandala genannt, aber es sollte vielmehr „Yantram" genannt werden, ein Wort aus dem Sanskrit welche für „Kraftvolle Kunst" steht, eine Kunst, die das Unsichtbare sichtbar macht. Dieses Yantram leitet seelische Essenzen durch intelligente Linien des Kreislaufs, die in der Regel auf heiliger Geometrie basieren. Das Unsichtbare ist das Mandala (französisch: „Monde" / in der Welt) oder die Multidimensionale Ansicht. z.B.: Das Pentagramm oder 5-eckiger Stern ist das Yantram oder die 2-Dimensionale analoge Figur zu seiner 3 –Dimensionalen Form, dem Dodekaeder. Wie ein Fußball, der 12 klare pentagonale Gesichter besitzt.
Nun zeichnen wir hier den Schatten einer Form, und darum sollten unsere Gedanken von diesen Linien durchtränkt sein. Unsere Intension während des Zeichnens ist sehr wichtig. Noch wichtiger ist unser Bewusstseinszustand, fokussiert und aufmerksam.

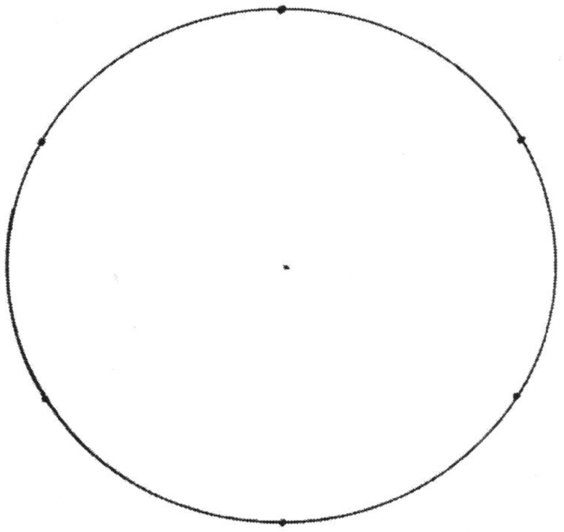

Abb. 4

Das Netz mit 7 Punkten, in zirkulärer Anordnung ist nötig, um Zahlen in Kunst zu verwandeln.

Unter den 6 äußeren Punkten oder Teilungspunkten, kannst du nun die 6 Zahlen einzeichnen (1,2,3,5,6,7) und die Zahl „4“ auslassen, da sie dem Zentrum stillschweigend innewohnt. Man muss diese Zahl auch nicht reinschreiben, da sie sich auf die Mustererstellung störend auswirken würde.

Durch das Verbinden einer langen, ungeteilten Linie von 1 → 2 → 3 → 5 → 6 → 7, und das anschließende Verbinden der 7 mit der 1, der Vereinigung des Alpha und Omega, entsteht ein Kreislauf. Es sieht noch nicht ganz ästhetisch und schön aus, aber die Schönheit wird sich zeigen, wenn wir zwei Rotationen der gleichen Figur übereinander lagern.
Wir sollten diesem **Yantram** einen Namen geben, und dieser lautet: **„Der Davidstern entstanden aus den Zahlen 1 – 7 gezeichnet bei 0°“.**
Diese „0°“ stehen für das 2-Dimensionale Yantram, (nicht das Mandala, welches in Wirklichkeit 3-Dimensional ist) welches so wie es ist gezeichnet wird, ohne irgendwelche Rotationen.
Aus Gründen der Bequemlichkeit platzieren wir die „1“ am obersten Punkt oder Zenit des Kreises.
Das Yantram entstehen indem wir die Punkte in ihrer Reihenfolge verbinden: Der natürlichen Zahlenordnung 1,2,3. Wir suchen immer wieder nach Ordnung im vorherrschenden Chaos.

Man könnte vielleicht noch nach mehr Ordnung oder Symmetrie suchen, indem man Origami oder Papierfaltkunst zu diesem Design verwendet, z.B.: wenn wir annehmen die Hauptachse verläuft von 3 nach 5 und man faltet nun dieses Muster zusammen, würde dann ein Spiegelbild entstehen? Eine Seite des Bildes sollte genau auf die andere Seite passen.

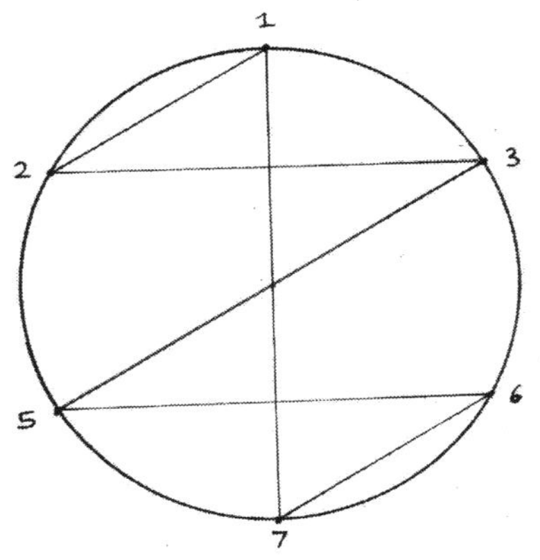

Abb. 5
Yantram des Davidsterns
Entstanden aus den Zahlen 1 – 7 bei 0°

Nun wollen wir das gleiche Muster, jedoch in einem 60° Winkel, über das andere legen. Diese zwei Selbst-ähnlichen Muster verwandeln die Definition eines Yantram zu seinem Plural „Yantra“. Dieses kennen wir als: **„Das Yantra des Davidsterns entstanden aus den Zahlen 1 – 7 bei 0° und 60° gezeichnet“.**
Um dies zu bewerkstelligen, zeichne das Muster in Abbildung 5 in einer beliebigen Farbe und wähle dann eine weitere Farbe um das zweite rotierte Muster einzuzeichnen. Dazu musst Du die Zahlen im Uhrzeigersinn bewegen wie auf einem Ziffernblatt. Die Zahl „2“ sollte an der Spitze bzw. ganz oben stehen. Im Uhrzeigersinn gelesen mit der Zahl 2 im Zenit müsste die Zahlreihe wie folgt lauten:
„2 – 1 – 3 – 6 – 7 – 5“.

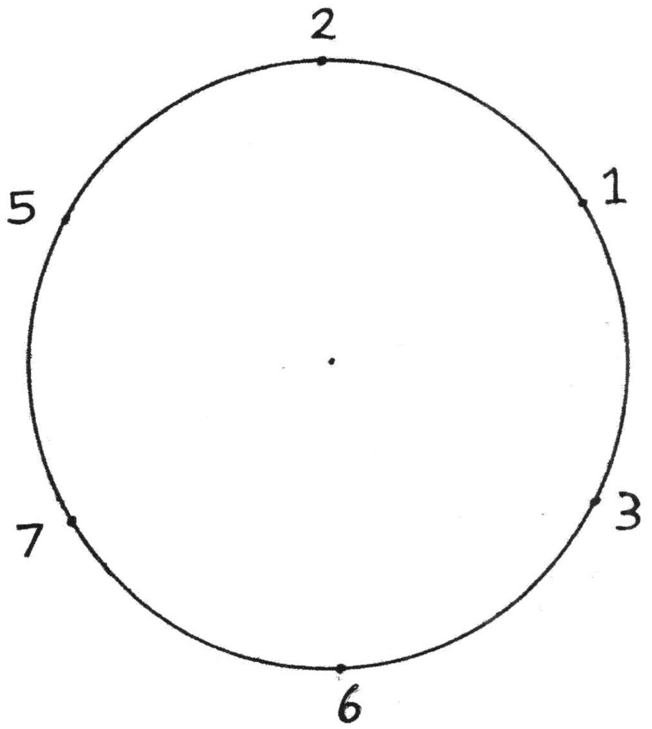

Abb. 6

„Das Yantra des Davidsterns, entstanden aus den Zahlen 1 – 7“ mit seinem um 60° gedrehten Kreis, ist bereit sich selbst zu überlagern.

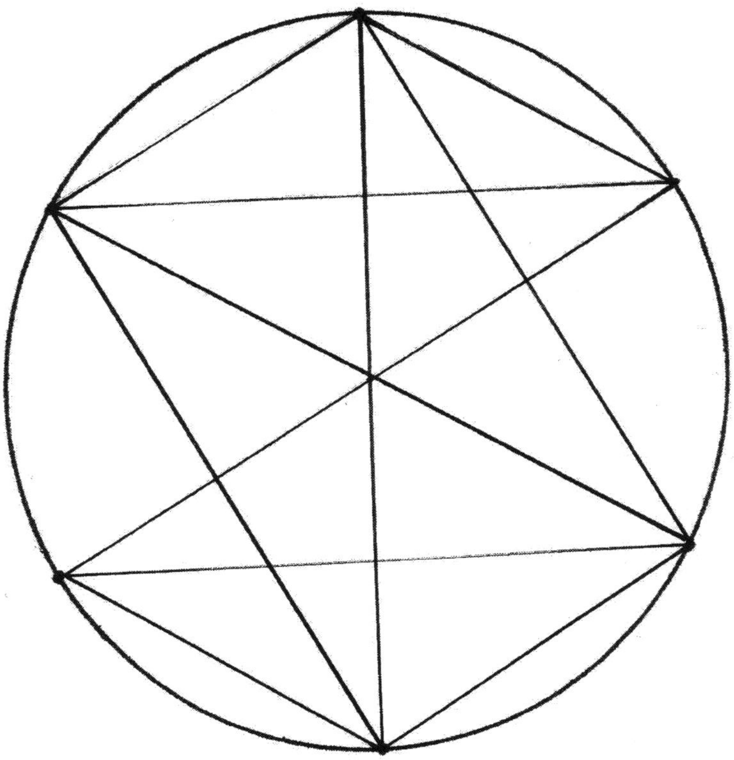

Abb. 7

DAS YANTRA DES DAVIDSTERNS
entstanden aus den Zahlen 1 – 7 gezeichnet bei 0° und 60°.

Um dieses heilige Symbol zu vervollständigen überlagern wir ein weiteres Symbol auf dieses Yantra, ein drittes Selbst-ähnliches Design bei 120°.
Wenn wir hier den Kreis im Uhrzeigersinn lesen und oben im Zenit beginnen liest sich die Zahlenreihe wie folgt:
„5 – 2 – 1- 3 – 6 – 7".
Wir können hier ganz salopp sagen, dass wir das gleiche Bild 3 Mal gezeichnet haben und zwar bei „0° + 60° + 120°", jedoch wäre dies fast zu umständlich. Aus diesem Grund verwenden wir hier folgende Ausdruckweise:

„Das Yantra des Davidsterns entstanden aus den Zahlen 1 – 7 mit 3 x 60° gezeichnet"

Wenn Du magst, kannst Du die dritte Form wieder in einer anderen Farbe zeichnen.

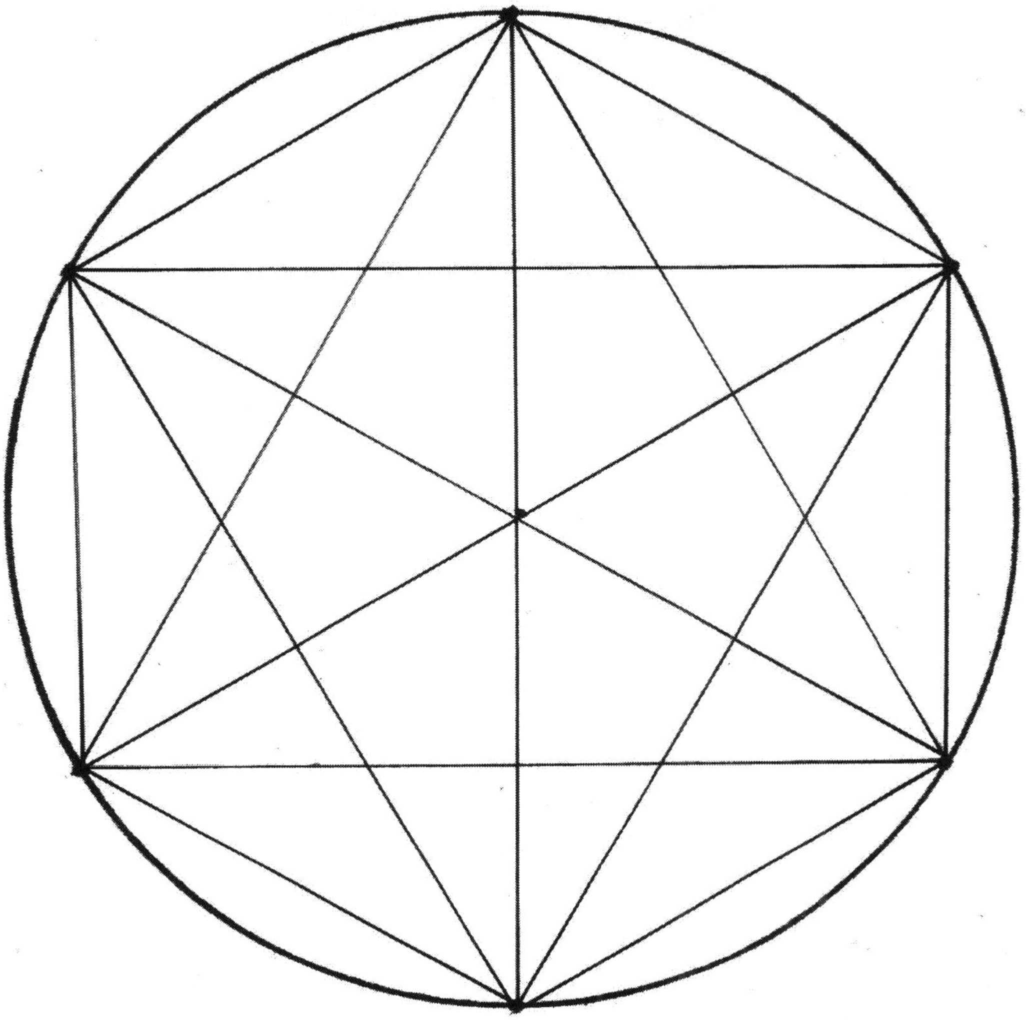

Abb. 8
Das Yantra des Davidsterns
entstanden aus den Zahlen 1 – 7 bei 3 x 60° gezeichnet.

Nun ist das Muster komplett und in seiner Balance. Dies ist der numerologische und geometrische Urspung des Davisterns.
Wenn Du nun einen verschlüsselten Satz in einem Esoterischen Buch liest, der besagt: **„.... die 6 aus der 7...“** könntest Du nun schlußfolgern, dass der 6-eckige Stern seinen mathematischen Ursprung in den 7 ersten natürlichen Zahlen hat.
Ein Heiliges Symbol welches beide Formen beinhaltet: Eine sechsseitige hexagonale Struktur und einen Hexagramm-Stern.

Er besitzt 3 geometrische Komponente:
1 – Das **Hexagon**, stellt seine äußere Grenze dar
2 – Das **Hexagramm**, der innere Stern

3 – **Das Koptische Kreuz**, die innere 3-Dimensionale Form des Christlichen Kreuzes, bestehend aus drei inneren Achsen, die als drei lange, diagonale Linienn gesehen werden, die durch den Mittelpunkt dringen. (Der Ursprung der Koptischen Kirche hat seine Wurzeln in Ägypten). Als 3-Dimensionales Kreuz stehen alle Achsen im 90° Winkel zueinander.

Nachfolgende Diagramme habe ich von einfältigen Internetseiten umgezeichnet, mit der Absicht die diesem Kreuz innewohnende 3-Dimensionalität des Davidsterns darzustellen. Das Hexagon ist in Wirklichkeit der Schatten des Würfels.

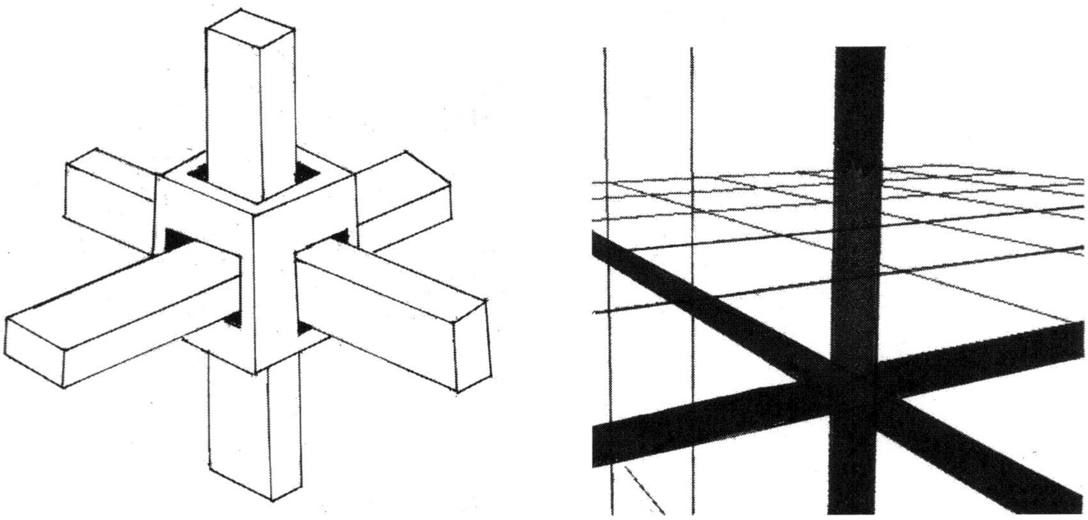

Abb. 8a

Das Koptische Kreuz mit seinen 3 Achsen, die den Mittelpunkt durchdringen repräsentiert das 3-Dimensionale Gegenstück zu dem 2-Dimensionalen Davidstern.

Das Zusammenspiel dieser zweier Figuren, Hexagramm Stern und Hexagon Form, kann auch in den zwei folgenden Diagrammen gesehen werden. (Abb. 9 und 10)

Abb. 9
Davidstern – by Jonathan Quintin
(A4 Formate dieser oder anderer exotischen Yantras findest Du auf www.sacredgeometry.com.au)

Abb. 10
Islamische Kacheln zeigen den negativen Raum in der Form eines Davidsterns mit Hexagonalen Lücken.

Abb. 11
„Der Kreis der 12 Wesenheiten"
gemalt von Jain im Jahre 1984
zeigt männliche und weibliche Gestalten und den Davidstern
als Zentrales Motiv.

DAS UNIKURSALE HEXAGRAMM

FRAGE:
Nur so aus Neugierde, ist es möglich eine Variante dieses stilisierten Davidsterns zu zeichnen, mit einem Kreis drum herum, in einer anderen Form, in der die 6 Punkte auf dem Kreis nur durch gerade Linien verbunden werden? Das alles mit einer Bedingung: Du darfst den Stift nicht vom Papier heben. Abbildung 4 dient Dir zum üben. Unikursal bedeutet „Eine Linie".
Das Hexagon ist eine Lösung, jedoch zählt diese nicht, da wird eine Stern-ähnliche Form haben wollen bzw. ein Hexagramm, welches klare unterbrochene Linien besitzt.

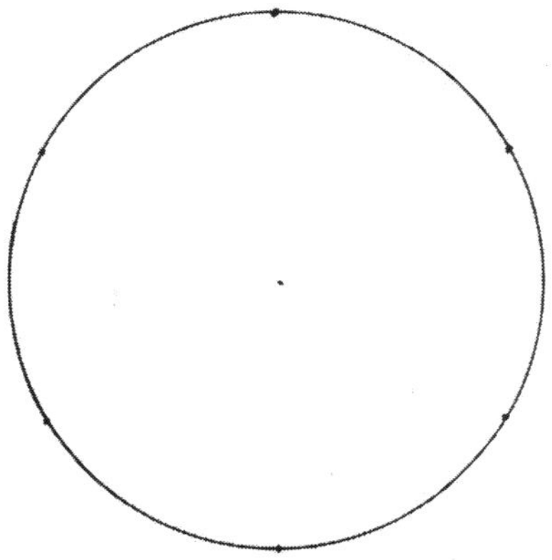

Abb. 4

Abb. 12a
Unikursales Pentagramm

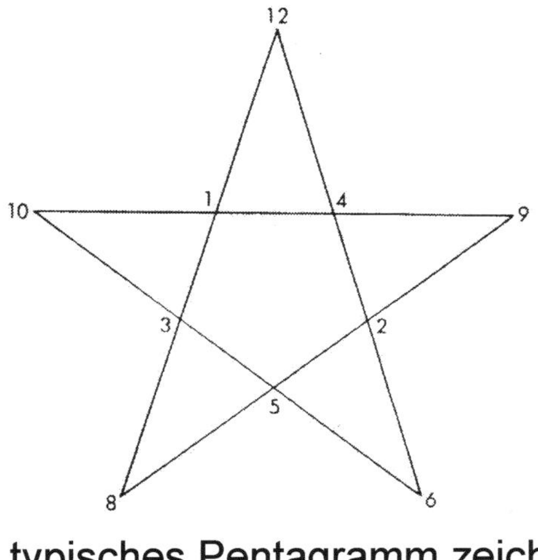

Genau auf die Art und Weise, wie wir ein typisches Pentagramm zeichnen würden, ohne den Stift vom Papier zu nehmen, und der Definition Unikursal gerecht zu werden, wollen wir herausfinden wie ein Unikurales Hexagramm aussieht (siehe Abb. 12b)

Dieses Magische Pentagramm besitzt Summen aus 24 in seinen 5 langen, Diagonalen, unter Verwendung der Zahlen 1 bis 12 (ohne die Zahlen 7 und 11)

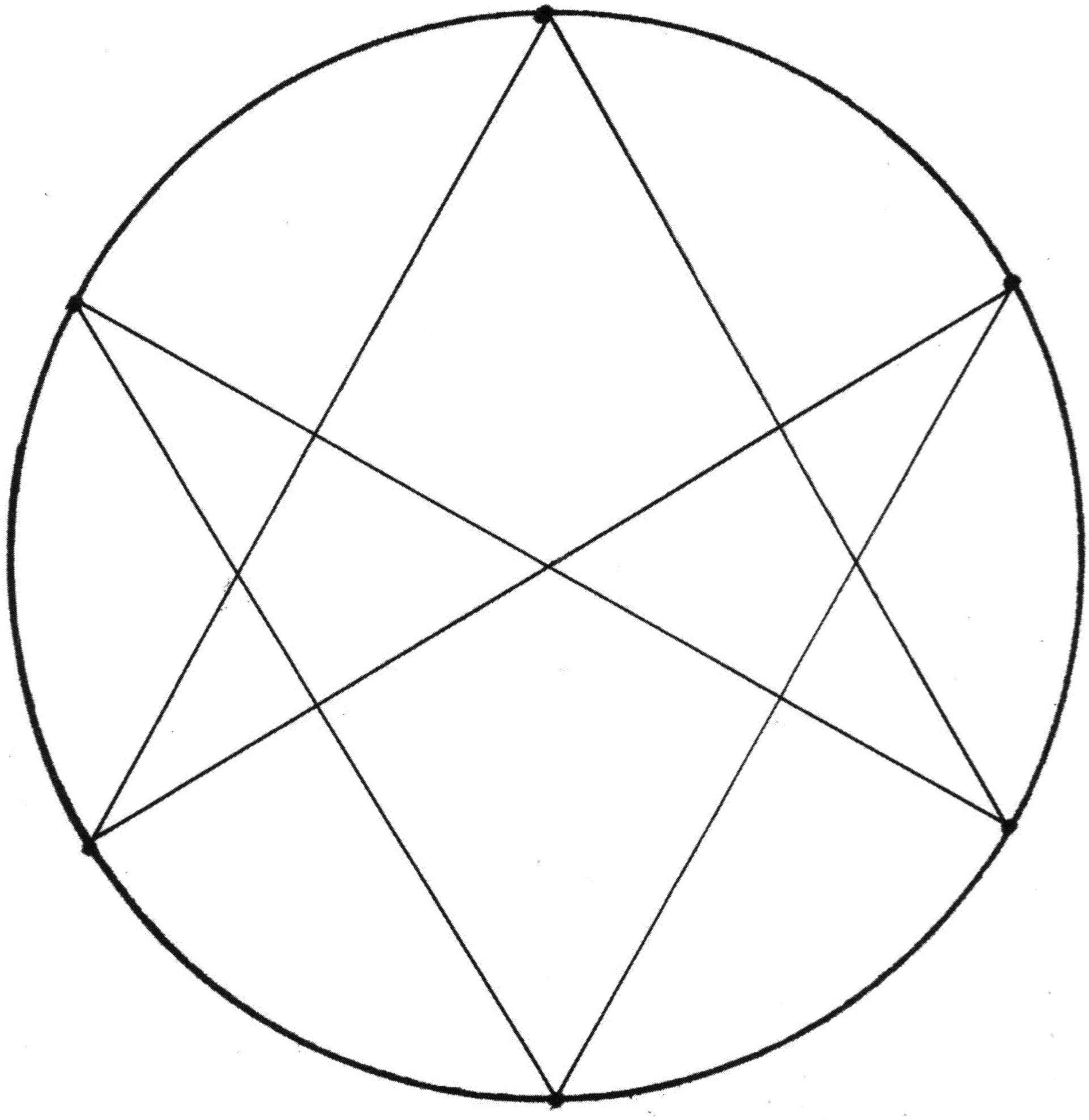

Abb. 12b

Das Unikursale Hexagramm, eine Variante des Davidsterns. Entstanden, ohne den Stift abzusetzen.

Die Lösung ist einfach und gleichzeitig wunderschön, besonders wenn man die ununterbrochene Linie, als elektrisierten Kupfer-Kreislauf sieht, in dem ganze Elektronen harmonisch und für immer durch eine geschlossene Schleife fließen.

Manche Okkulte Magische Orden, wie das OTO von Aleister Crowley, haben sich mit diesem Symbol identifiziert.

∞ KAPITEL 8 ∞

DIE BLUME DES LEBENS entstanden aus der GEOMETRIE des STERNTETRAEDERS

KAPITEL INHALT:

- **Das Muster der Blume des Lebens mit Laser in den Osiris-Tempel eingraviert**
- **Tetraeder und das 4-Frequenz Tetra**
- **64 Kristalline Tetraedra Matrix**
- **Sternentetraeder**
- **Kuboktaeder (aka Vektor Equilibrium)**
- **Foo Löwen der verbotenen Stadt haben eine 3-Dimensionale Lebensblume unter ihren Pfoten**
- **Der hebräisch/kabbalistische 10-Sphären Lebensbaum gegen den Originalen 12-Sphären Lebensbaum**
- **Lebensbaum mit 12 Sphären formt die Makrokosmische Schneeflocke**
- **Chinesische I Ging Hexagramme können zu einem Sternentetraeder umgewandelt werden.**

'The Flower Of Life'

DAS MUSTER DER BLUME DES LEBENS

Abb. 1
Das Traditionelle Muster der Lebensblume ist die Blaupause oder Vorlage der gesamten Schöpfung.
(Computerisiertes Bild von Jonathan Quintin)

Dieses Muster wurde überall auf der Welt entdeckt, schon vor tausenden von Jahren. Man kann es in seiner 2-Dimensionalen Form an der Decke des Ägyptischen oder Osirischen Tempel von Abydos am Nilufer finden. Das Rätsel hier ist, das es nicht eingraviert wurde, es wurde auf mysteriöse Art in den Stein hineingebrannt, wie als ob man einen Laser verwendet hätte, und das vor tausenden von Jahren!

Man kann erkennen, dass jeder Kreis den benachbarten Kreis durchdringt; die Vereinigung zweier Kreise nennen wir traditionsgemäß Vesica Piscis. Man Kinder im Alter von 5 Jahren beobachten wie sie dieses Muster, von sich durchdringenden Kreisen aufs Papier kritzeln, um eine Blumen ähnliche Form zu erschaffen. Erwachsene, die telefonieren, kritzeln diese Form auch oft so nebenbei auf einen Schmierblock. Es ist als ob es tief im Unterbewusstsein verankert sein würde. Allein durch das Zeichnen, per Hand oder per Zirkel, bringt uns Ruhe und das Gefühl von Ganzheit.

In diesem Kapitel werden wir erforschen, wie dieses Muster der Lebensblume aus diversen grundlegenden Formen erschaffen werden kann. Dazu beginnen wir mit einer anderen fundamentalen Form, dem Tetraeder, welcher eine Pyramide darstellt, die auf einem Dreieck basiert. Der Tetraeder ist der Grundstein, auf dem jedwede atomare Struktur gebildet wird.
Lasst uns nun einen Blick auf die Einteilungen der Basis und der Seiten werfen. Wenn wir die Mittelpunkte aller 6 Kanten erforschen, hätten wir einen 2-Frequenten Tetraeder, der essentiell aus 8 kleinen Tetraedern besteht (da 2^3=8 ergibt). Wenn wir nun die 6 Kanten in drei gleich große Teile aufteilen, hätten wir einen 3-Frequenten Tetraeder, der in seinem Kern aus 27 kleineren Tetraedern entstanden ist (da 3^3=27 ergibt). Jedoch sind wir an dem 4-Frequenten Tetraeder interessiert, der in seiner Essenz aus 64 kleineren Tetraedern besteht (da 4^3=64 ergibt).

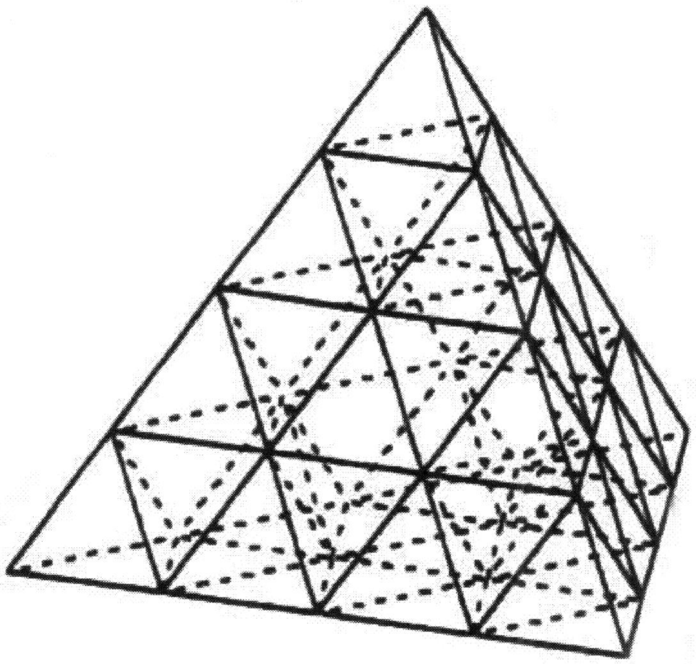

Abb. 2
Ein 4-Frequenter Tetraeder
(Die ursprüngliche Dreieckige Basis ist in 4 Teile aufgeteilt worden)

Aus der mathematischen Perspektive, oder aus der Zahlen Theorie heraus, ist es interessant zu beobachten, dass diese Zahlen uns aus der Kubischen Zahlenfolge bekannt sind: 8, 27, 64, 125, 216, 343, 512, 729, usw. uns ist bekannt, dass wir diese Zahlen benötigen, um Würfel zu formen, aber es ist noch nicht ganz klar, das wir diese Form auch umgestalten können, um Tetraeder entstehen zu lassen.

Dieser Tetraeder vereint sich mit sich selbst und formt somit einen Sterntetraeder. Im letzten Kapitel haben wir bereits besprochen, wie die 2-Dimensionale Schatten Form, auch Davidstern genannt, aus zwei klaren Ansätzen heraus entstehen kann:

1 – aus der Verwendung der Zahlen 1 – 7 und
2 – durch die Zeile für Zeile Analyse des Magischen Quadrats des 3.

Abb. 3
Sternen Tetra Modelle
(hier das Holzmodell von Leonardo da Vinci links + Jain hält einen Sterntetraeder aus Glas, der hingebungsvoll von Asaf Zakay in Byron Bay gemacht wurde www.zakayglasscreations.com)

Die 3-Dimensionale Form des Sternentetra´s ist in Wirklichkeit ein Würfel (wenn man alle Spitzen miteinander verbindet). Tatsache ist also, wenn wir irgendwo einen Davidstern betrachten und die ihn umgebende Form, genannt Hexagon, nehmen wir in Wahrheit einen Würfel wahr.

Interessanterweise befindet sich in der Mitte bzw. im Kern dieser Kristallinen Struktur aus 64 Tetraedern ein Kuboktaeder (aka Vektor Equilibrium), welcher 12 perfekt balancierte innere Radien besitzt. Eigentlich ist es ein uraltes Rätsel. Wenn ich eine Orange in der Hand hätte und Dich fragen würde, wie viele andere Orangen der gleichen Größe, um dieses eine Zentrum passen könnten, was wäre hier die magische Antwort bzw. Zahl? (2 Dimensional kann man dieses Rätsel auch aufbauen: Wie viele 20 Cent Stücke passen um ein Zentrales Geldstück der gleichen Größe, die Antwort wäre: genau 6)

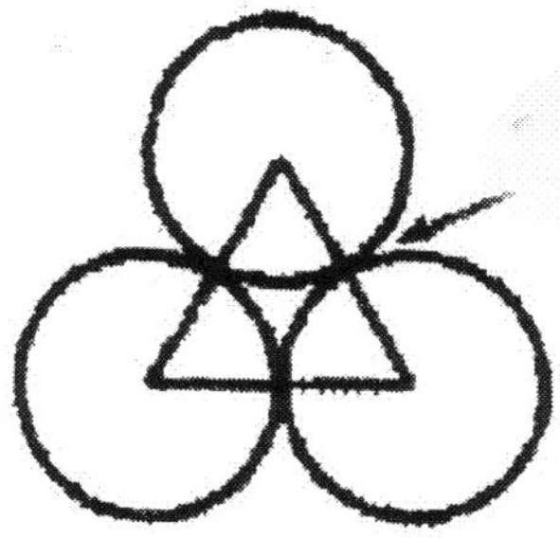

Abb. 4a
0-Fequentes Dreieck
(1 Intervall = 1 Kante)

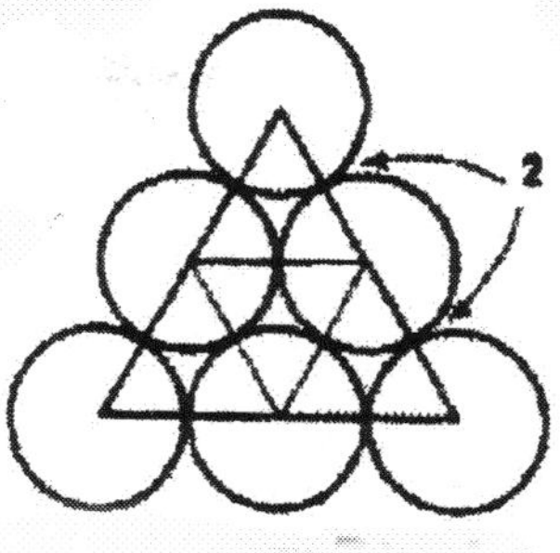

Abb. 4b
2-Frequentes Dreieck
(2 Intervalle = 2 Kanten)

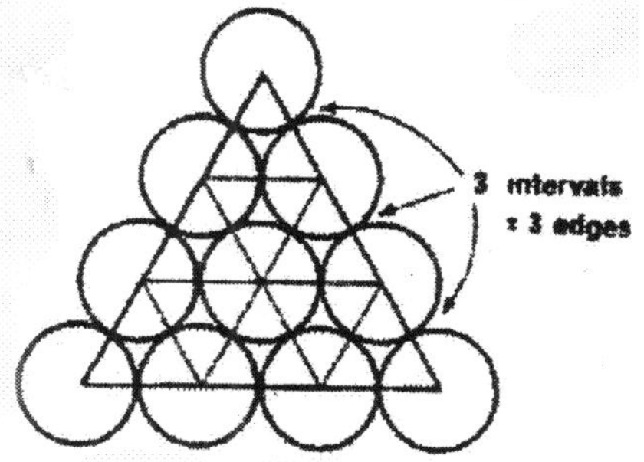

Abb. 4c
3-Frequentes Dreieck
(3Intervalle = 3 Kanten)

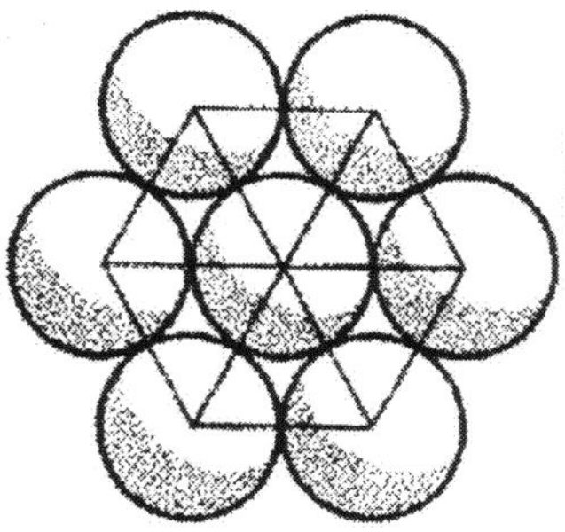

Abb. 4d
Geschlossene Kugel
in einer Fläche

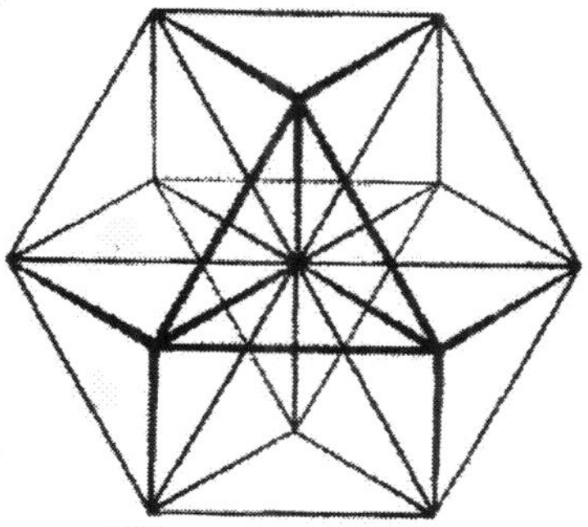

Abb. 4e

VEKTOR EQUILIBRIUM

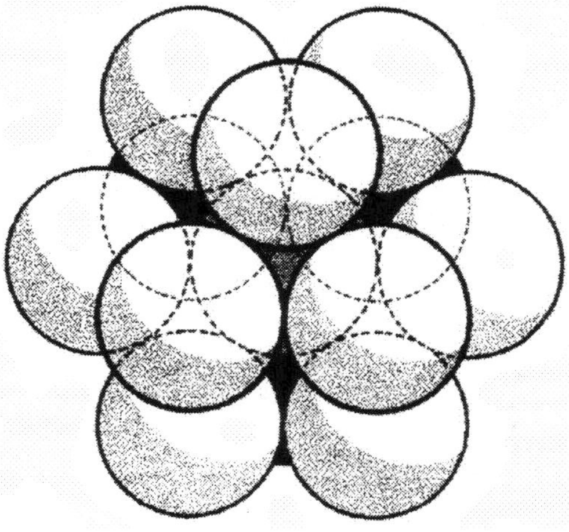

Abb. 4f
Geschlossenes Packet von Sphären
mit Kugelförmiger Richtcharakteristik
aka
Vektor Equilibrium

(Diese Zwölf um den Einen ist in Wahrheit ein anderer Ausdruck des 13.-Codes)

Abb. 4
Kuboktaeder oder die Zwölf um den Einen, entsteht ganz natürlich indem man 12 Kugeln perfekt um eine 13. Zentrale herum platziert.

In seiner Essenz wird der Kuboktaeder bestehend aus 6 Quadraten und 8 Dreiecken, aus 12 Kugeln die eine 13. umgeben, geformt. (So wie Jesus einen Magnet für seine 12 Apostel darstellte und somit die Wahrhaftigkeit des 12:13er Codes begründete). Genau dies ist der Grund, warum die Zahl 13 über so lange Zeit mit Angst besetzt war und ist, dass Du ja nicht ihre Tür öffnest und forscht. Wie lächerlich, dass es in manchen Hochhäusern, keinen 13. Stock gibt. Dies ist der Grund warum das erneute Erlernen bzw. sich Erinnern, an die Heilige Geometrie, etwas mit unserem Aufwachprozess zu tun hat.
Die „Zwölf um die Eine“ auch bekannt als das Prinzip der „Kugel-Küsse“, wie sie der legendäre Buckminster Fuller genannt hat und welche jedwede atomare Struktur bestimmt, ist ein Muster welches die Welt vereint, so wie auch der Torus dargestellt als Donut-Ring, diese stehen im Gegensatz wie der Kommunismus oder die Mehrbenutzbarkeit, zum politischen Symbol der Pyramide stehen, mit Millionen verschuldeter Sklaven die ganz unten in der Pyramide ihren Platz finden und einer elitären Familie dienen, die im Hintergrund diese Welt regiert.
Der Grund Euch diese Informationen zu geben war, festzulegen wie die Blume des Lebens aus diesen ursprünglichen Formen entsteht?
Wenn wir um jeden der 64 Tetraeder eine Kugel formen, dieses Konstrukt dann rotieren, sprich aus der höheren 3-Dimensionalen Form ihre 2-Dimensionale Form entstehen lassen, so als wollten wir ihren Schatten erblicken, erkennen wir eindeutig die Form der Lebensblume.

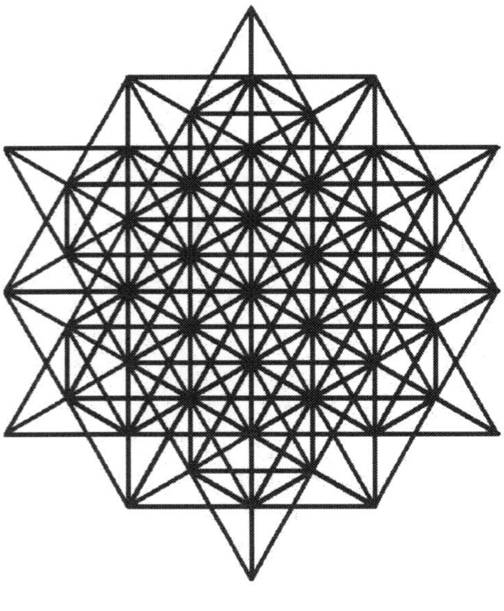

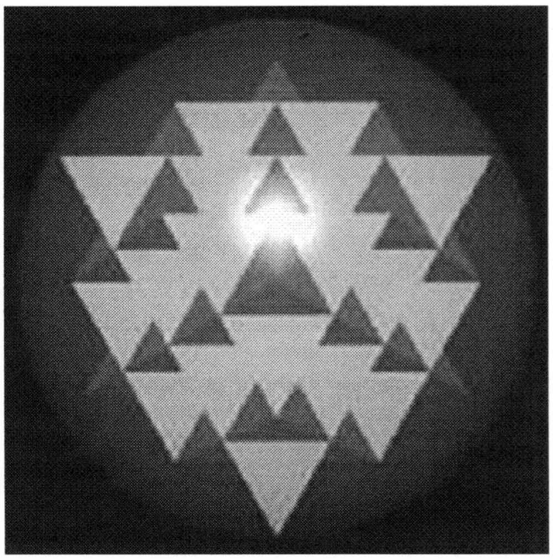

Abb. 5

Wenn die 64 Tetraeder in 64 Kugeln visualisiert werden, stellen sie eine Multi-Dimensionale Form dar. In einem kritischen Winkel gedreht, offenbart sie das familiäre Muster der Blume des Lebens.

In China erblicken wir wieder die Lebensblume, jedoch in ihrer 3-Dimensionalen Kugelform. Ungefähr im Jahre 1420 in einer verbotenen Stadt in der die Sonnengötter wohnten stehen riesige Statuen der Foo-Löwen vor dem Eingang des Tempels in Beijing. Sie sind die Hüter des Wissens. Der Globus der Lebensblume sitzt unter ihren kraftvollen und aggressiv schützenden Tatzen.

Abb. 6

Die wilden Foo Löwen, bewachen unter ihren rechten Tatze, das Emblem der 3-Dimensionalen Kugel der Blume des Lebens, so als sei sie ein Kosmischer Schatz.

Die Lebensblume oder die Blaupause der Schöpfung, erscheint auch in anderen Kulturen:

1 – Im Hebräischen Kabbalistischen Lebensbaum (alle fünf Bilder in Abbildung 7)und das zeigen wir Dir anhand einer Videoanimation, kommen die 6 Diagramme des Lebensbaumes hexagonal zusammen, um wiederum die Blume des Lebens zu formen. Nassim Haramein hat dazu ein wunderbares Video gemacht. (Besuche dazu seine Webseite www.theresonanceproject.com)

2 – In der Chinesischen Kultur, versteckt im Orakelbuch „I-GING“ oder „dem Buch der Wandlungen“.

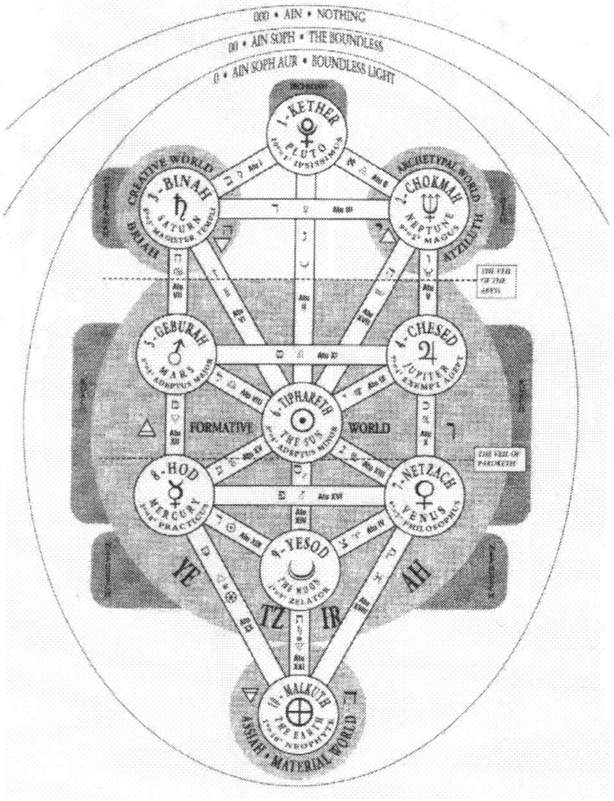

Abb. 7a

Der bekannte kabbalistische Baum des Lebens mit seinen 10 Sephiroth oder Sphären oder Planetar Körpern.
Er zeigt uns den Weg von Nr. 10 Malkuth (Erde) zu Nr. 1 dem Kether (Himmel) und die 22 Wege auf dem Lebensweg, zurück zur Quelle die dazwischen liegen. (Die 22 repräsentiert auch die Hebräischen Flammen Buchstaben des Alphabeths)

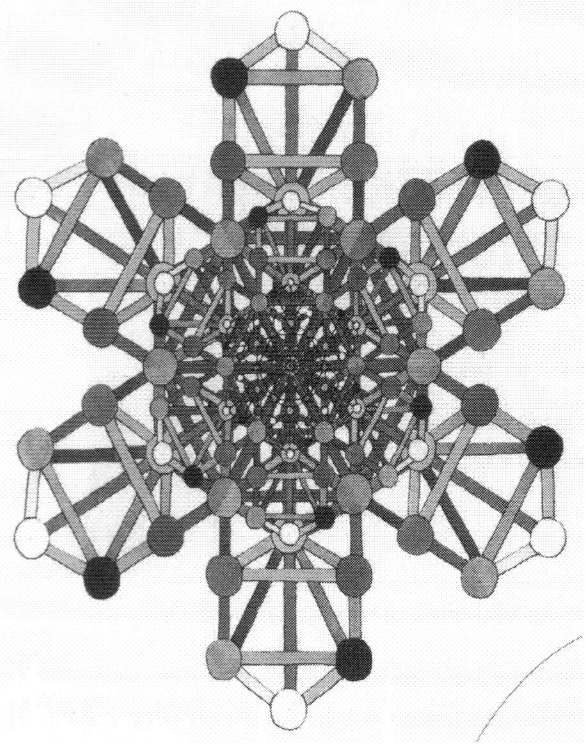

Abb. 7b

6 hexagonal ausgerichtete Lebensbäume, die sich alle im gemeinsamen Mittelpunkt treffen. Auch bekannt als die Makroskopische Schneeflocke aka Baum-Stern, dieses esoterische Muster zeigt in seiner Wurzel auch die Lebensblume und weist auf die atomare Struktur hin, uraltes brahmanisches bzw. priesterliches Wissen, welches vor den Massen bewacht und geheim gehalten wurde. Seine nestartige Form gibt auch einen Hinweis auf seine Fraktalität, in der das Äußere und das Innere einander gleichen.

Abb. 7
Der bekannte kabbalistische Baum des Lebens und seine tiefere Bedeutung, versteckt in der Makrokosmischen Schneeflocke

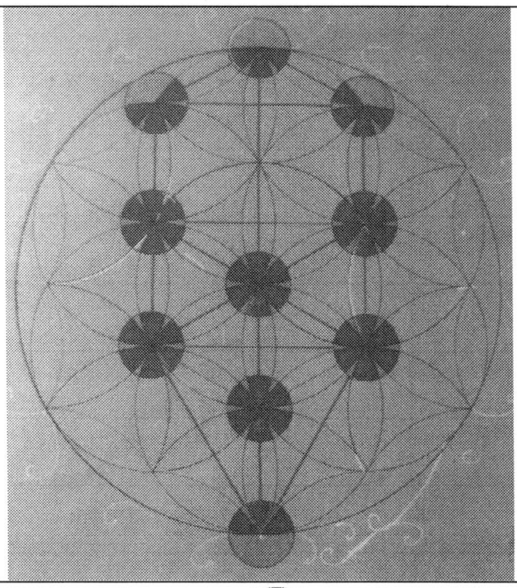

Abb. 7c

Der Baum des Lebens in der Blume des Lebens hervorgehoben

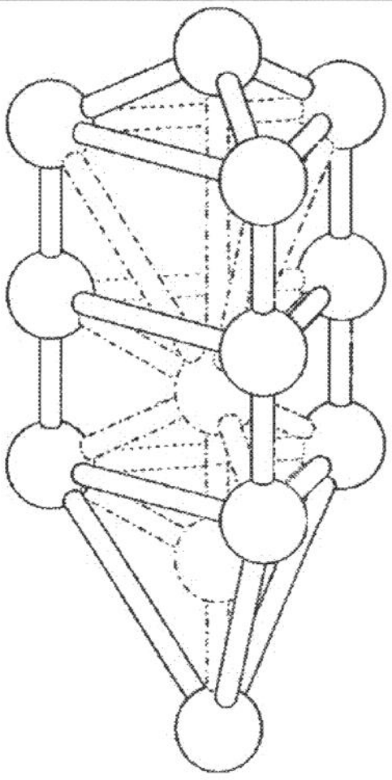

Abb. 7d

Metatron (König der Elektronen) ist der Wächter des Lebensbaums, da diese Form alle Platonischen Festkörper entstehen lässt. Hier in seiner kristallinen bzw. molekularen Form gezeigt. Versuche die Abb. 7b in dieser Multidimensionalen Form zu visualisieren.

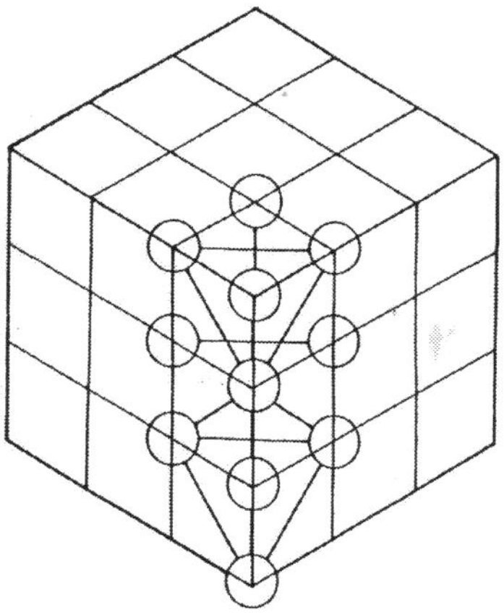

Abb. 7e

Noch eine andere Darstellung des 3D – Lebensbaums, dieses Mal in einen Würfel eingeätzt.
Das Sephiroth oder die Kugel, welche den Platz in der Ecke des Würfels einnimmt, ist traditionell als Abyss bekannt, und ist keine planetare Sphäre, sondern das Auge des Torus, welcher die Physik des implosiven schwarzen Loches darstellt.

Abb. 7

Der Lebensbaum sichtbar in der Blume des Lebens + 3D Form in der Ecke des Würfels.

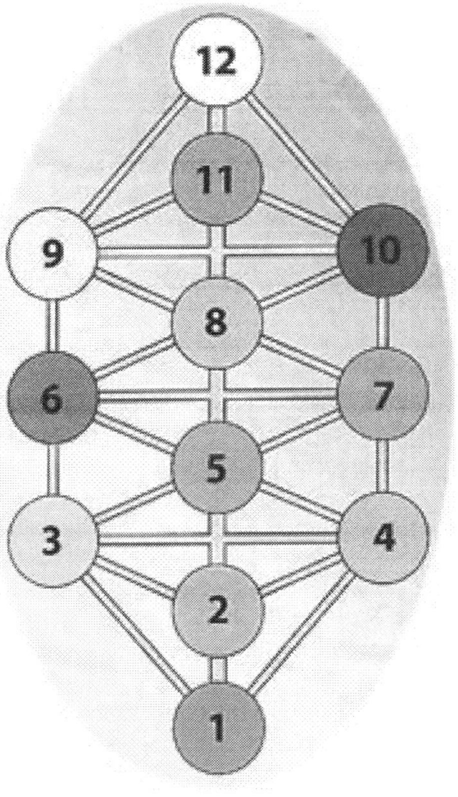

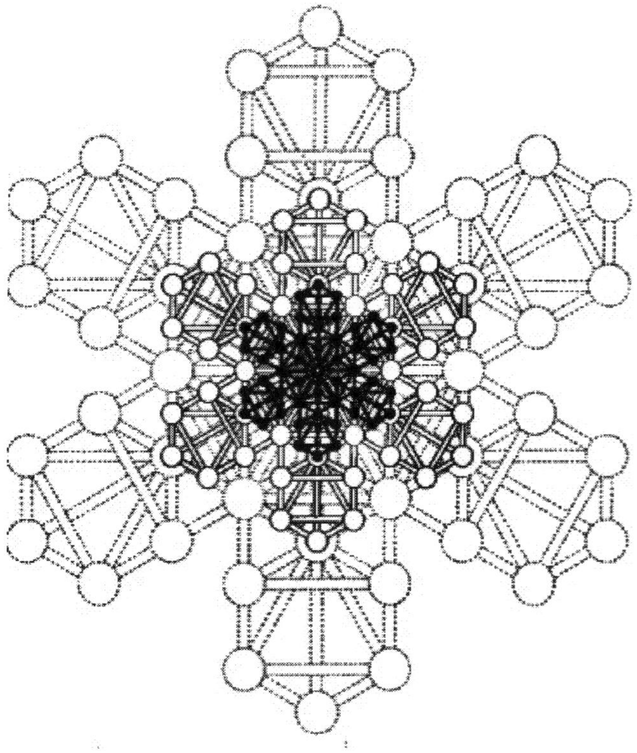

Die wahre Form des kabbalistischen Baum des Lebens, mit seinen 12 Sphären (nicht 10). Unsere Aufgabe ist die essentielle Forschung und das anwenden von höherer Intuition, um die Spreu vom Weizen zu trennen. (Diese Graphik der 12 Sphären oder auch „Kathara Gitternetz" entnommen aus Ashayana´s Deane kosmologischer Arbeit und Keylontics)	Wenn der 12-Sphärige Lebensbaum korrekt übereinander gelagert wird, via perfekter fraktaler Einnistung, formt er die Makrokosmische Schneeflocke, eine Unterschrift des Universums, welche alle essentiellen Penta-Hexa´s beherbergt und die Primäre Quadratwurzel der Harmonie.

Abb. 8

Dies ist, gemäß meiner Forschung, die wahre Form des originellen Lebensbaums. Er basiert auf 12 Sephirots, nicht auf 10, er formt einen doppelt ausgebildeten Quartz Kristall, welcher wie maßgeschneidert in das Wissen über die Basis 24, dem Sternentor Wissen, hineinpasst und wortwörtlich einen „Türöffner" darstellt.

2 – Das Diagramm der Blume des Lebens finden wir auch im chinesischen I GING (eine Orakel oder Prophetie Technik, die im Buch der Wandlungen verwendet wird) welches aus 64 Hexagrammen besteht. (Ein Hexagramm ist ein Bildzeichen bestehend aus 6 Linien. Es gibt hier nur zwei Sorten von Linien, ganze (Himmel) und gebrochene (Erde) und die Kombination dieser Linien werden verwendet, um ein binäres Format zu erschaffen).

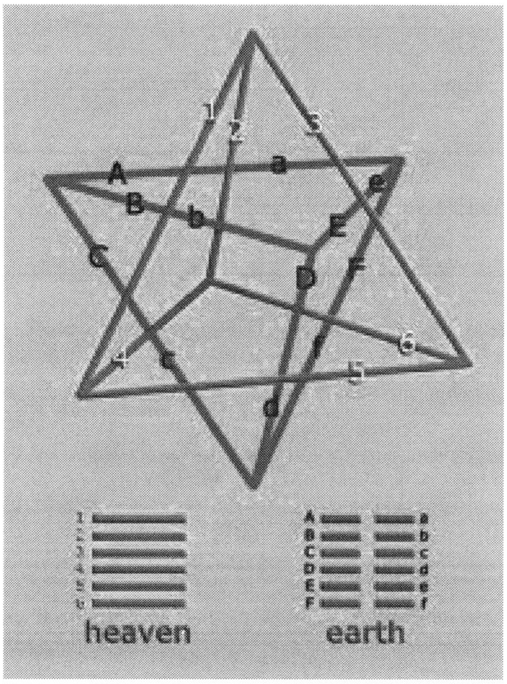

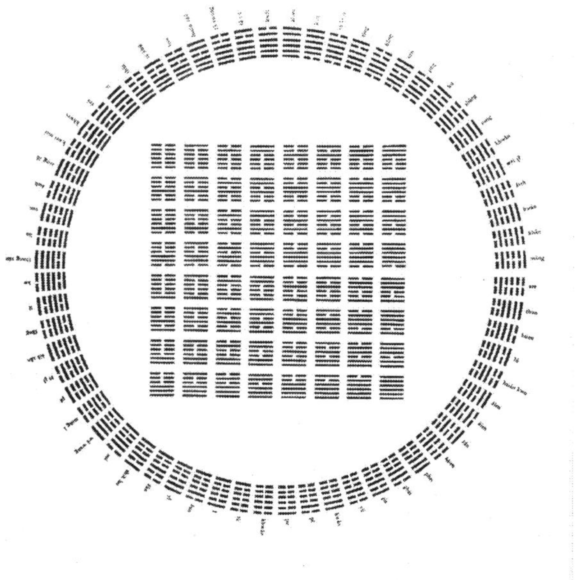

Shao Yung's Old Family Mandala

Abb. 9

Das Yantram der Lebensblume finden wir auch im chinesischen I-GING Orakel, das aus 64 Hexagrammen besteht und hier im Kreis dargestellt wurde in Shao Yung´s „Mandala der alten Familie“

Indem wir die Kunst der Videoanimation verwenden (wie Nassim Haramein), um diese gebrochenen und ganzen Linien auf magische Art und Weise zu arrangieren, entsteht ein Sterntetraeder, welcher der fundamentale Baustein der Blume des Lebens ist. (Die 6 ganzen Linien formen zunächst einen Tetraeder, da der Tetraeder 6 Kanten hat und die verbleibenden gebrochenen Linien formen um diesen Tetraeder auf wundersame weise den Sterntetraeder).

∞KAPITEL 9 ∞

SEELEN-UNTERSCHRIFT von JAIN 108

PERSONALISIERTES GEOMETRISCHES SEELEN-YANTRA ODER SIEGEL DEINES NAMENS UND GEBURTSDATUMS ENTSTANDEN VON EINZIGARTIGEN MAGISCHEN QUADRATEN 6 x 6

Erlaube mir Dein Geburtsdatum und Deinen Namen in Kunst zu verwandeln, hier in diesem Kapitel ist alle Geometrie handgezeichnet durch Jain persönlich und ist so besonders, dass sie es wert ist, eingerahmt zu werden. Diese beide Daten, werden in ein Magisches Quadrat 6 x 6 eingefügt (ein spezieller Sonnen-Code, deren Reihen, Spalten und Diagonale in ihrer Summe alle die magische Zahl 111 ergeben).

SEELEN – UNTERSCHRIFTEN

100 % handgezeichnet von
JAIN 108

LASS DIR DEINE EIGENE GEOMETRISCHE SEELEN-UNTERSCHRIFT KREIEREN!

Diese geometrische Seelen-Unterschrift wird in einer spezifischen Magischen-Quadrat-Matrix erstellt, deren 6 x 6 Gitter mit der Sonne assoziiert wird und deren magische Summe der 111 gleicht. Dieser „111-Einheits-Code“ stellt die Basis für Dein einzigartiges Yantra (Kraft Kunst) oder Sonnensiegel dar. Es wird vorsichtig Alpha-Numerisch mit Buchstaben Deines Namens und Zahlen Deines Geburts-Datums codiert.
Diese heiligen Amulette oder Siegel wurden in früheren Zeiten benutzt und getragen, um das persönliche Wohlbefinden zu verbessern, Schutz zu bieten, Wohlstand zu generieren und ein Leben in Harmonie ins Leben zu rufen.
Dein einzigartiges Geometrisches Schild wird durch einen Ring aus Metatronischen Zeichen geschützt. Dieser Äußere Ring dient als Verstärker für die heiligen Geometrien im Inneren des Kreises.

Diese Kunst ist mit Liebe handgemacht durch einen Vril-Künstler aus Byron Bay, Jain 108.
Platziere diesen Sonnen Code über Deinem Altar oder einem anderen Kraftplatz.

Deine Seelen-Unterschrift wurde von einem vorsichtig ausgewählten Magischen Quadrat 6 x 6 erstellt (einem Galaktischen Sonnen-Code) von dem es Millionen von Variationen gibt und jeder einzelne ganz einzigartig ist, wie ein Fingerabdruck oder eine Schneeflocke. Dein Name und Dein Geburtsdatum wurden in eine höchst anspruchsvolle und einzigartige mathematische und geometrische Matrix eingefügt, deren innere Eigenschaften von höchster Intelligenz sind.

Das Magische Quadrat aus 6 (111 Einheits-Bewusstsein Code) besitzt die Einzigartigkeit, dass all seine Reihen, Spalten und Diagonalen in Ihrer Summe 111 ergeben, eine seltene Darstellung der Drei Einen oder „Dreimal wiederholte Einheit“ die Dreifaltigkeit repräsentiert, heilig in allen Kulturen. Da diese Art der Präsentation auf der Universellen Sprache der Mathematik basiert, geht sie über die östlichen Veden, als auch die westliche Kultur, hinaus.
Der Autor und Mystiker Indies Shah, schrieb in seinem Buch „ Die Sufis“ über dieses Magische Quadrat aus 6: umgeschrieben in Buchstaben, 111 = „QUTUB“, im Arabischen. Dies ist bekanntlich der unsichtbare Kopf aller Sufis. Das Wort „Qutub“ bedeutet wortwörtlich Magnetische Pol, Dreh- und Angelpunkt, der Polarstern, der Häuptling. Wenn wir die Zahl 111 in die Zahlen 100, 10 und 1 teilen und durch Buchstaben ersetzten, erhalten wir: Q, Y und A. Das Wort „QYAA“ bedeutet „Leer bzw. Frei Sein“. Es ist dieses Freie, Geläuterte, Leere „Haus“ in das die „Baraka“ (oder heiliges Bewusstsein) hinabsteigen kann.

Hier gebe ich Euch nun 3 Beispiele von geometrischen Seelen Unterschriften. Aus Datenschutzgründen wurden alle Namen und Personenbezogene Daten entfernt, aber es reicht um Dir eine Idee zu geben wie Dein Name und Dein Geburtsdatum in Kunst übersetzt werden können.

Die Kosten für so ein individuelles Yantra betragen $300 für ein A4 Format und $400 für das gleiche Muster in A3.

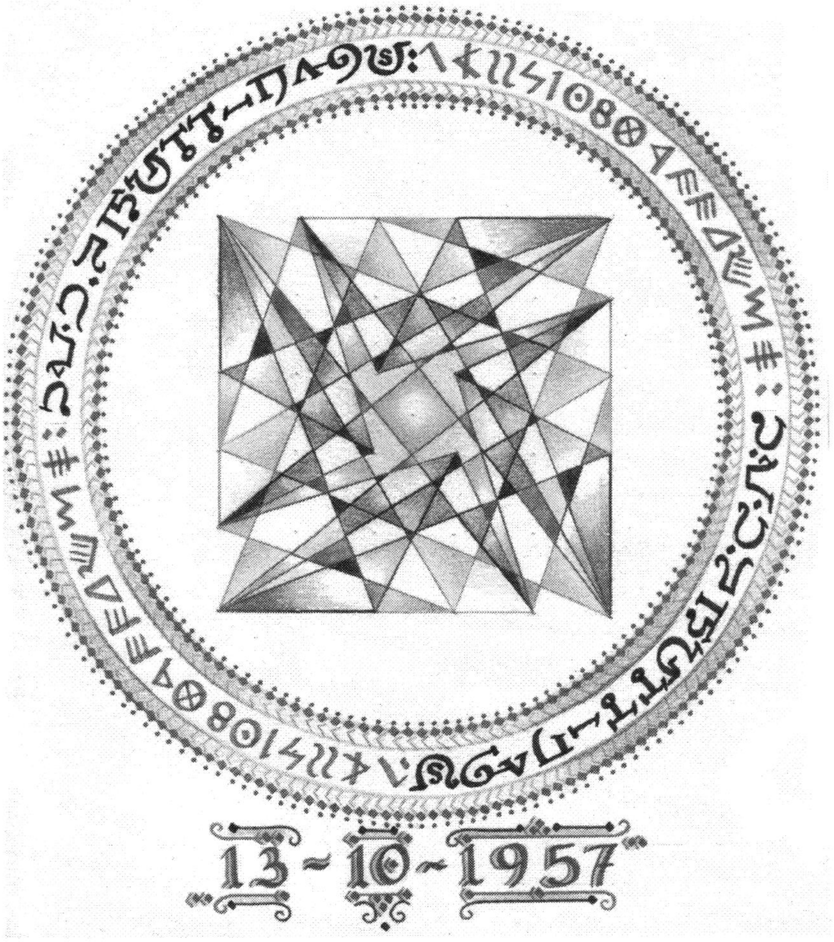

SEELEN-UNTERSCHRIFT 1
Yantra macht von Jain 108

SEELEN-UNTERSCHRIFT 2 von Jain für Lily

SEELEN-UNTERSCHRIFT 3
Kreiert von Jain 108

INDEX

I N D E X + Zahlen Harmonien + Sequenzen

Notabene: jede Seite die unterstrichen ist, sagt uns das diese Referenz ein **Bild** oder eine **Tabelle** ist, kein Text.

ERKLÄRUNG:
- „aka" bedeutet „also known as" (auch bekannt als)
- „K" steht für Kapitel
- „MQ" bedeutet „Magisches Quadrat"

DIESER INDEX BESTEHT AUS 3 TEILEN:

- **INDEX DER WORTE**
- **INDEX DER ZAHLEN**
- **INDEX DER DIGITAL KOMPRIMIERTEN SEQUENZEN**

JAIN ´S KUNST AUS DEM JAHRE 1999
Ein Wandbild eines Hathoren, Öl auf Leinwand,

(ein 4-Dimensionaler Venusianer, ein Schallwellen und Frequenz Meister)

WÖRTERVERZEICHNIS

A

B

C

D

E

F

G

H

I

J

K

L

M

N

O

P

Q

R

S

T

U

V

W

X

Y

Z

ZAHLENVERZEICHNIS

aka Harmonischer Index
aka Numerisches Wörterbuch
aka Harmonische Treppe

Jeder Bezug zu einem Bild oder einer Tabelle wird unterstrichen dargestellt.

Legende:
... (3 Punkte) nach einer Zahlenreihe bedeuten, das die Dezimalstellen weiterlaufen.
: (Doppelpunkt) bedeutet Proportion, wie z.B. bei 21:34 und wird wie folgt gesprochen – „ der Ratio von 21 zu 34. „

QUERSUMMENVERZEICHNIS

„P"=Periodizität= Wie viele Zahlen sind in einer Sequenz

1, 1, 2, 3, 5, 8, 4, 3, 7, 1, 8, 9, 8, 8, 7, 6, 4, 1, 5, 6, 2, 8, 1, 9
[Phi Code 1: (1,1,2) Die Kompression der primären Fibonacci Sequenz. Eine von drei möglichen Formen. P=24]

1, 2, 3, 4, 5, 6, 7, 8, 9
(Digitale Kompression des 1er einmal Eins. P=9)

1, 2, 4, 8, 7, 5
(Binärer Code. P=6)

1, 2, 6, 3, 6, 6, 9
(Digital komprimierte Sequenz von Fibonacci Produkten. Aus meinem Buch: The Book of Phi. P=7)

1, 3, 4, 7, 2, 9, 2, 2, 4, 6, 1, 7, 8, 6, 5, 2, 7, 9, 7, 7, 5, 3, 8, 2
[Phi Code 2 PC2: (1,3,4): — The Powers Of Phi 108) Die zweite von drei möglichen Arten die Fibonacci Reihe darzustellen. P=24]

1, 4, 5, 9, 5, 5, 1, 6, 7, 4, 2, 6, 8, 5, 4, 9, 4, 4, 8, 3, 2, 5, 7, 3
[Phi Code 3: PC3: (1,4,5) Die dritte von drei möglichen Arten die Fibonacci Reihe darzustellen. P=24]

1, 4, 9, 7, 7, 9, 4, 1, 9
[von n2 = (Sequenz der heiligen Zahlen)
1, 4, 9, 16, 25, 36, 49, 64, 81, 100, 121, 144... P=9]

1, 8, 9
[von n3 = (Kubische Zahlensequenz):
1, 8, 27, 64, 125, 216, 343, 512, 729, 1000... P=3]

2, 4, 6, 8, 1, 3, 5, 7, 9
(Digital komprimiertes 2er Einmal Eins. P=9)

3, 6, 9
(Digital komprimiertes 3er Einmal Eins. P=3)

4, 8, 3, 7, 2, 6, 1, 5, 9
(Digital komprimiertes 4er Einmal Eins P=9)

5, 1, 6, 2, 7, 3, 8, 4, 9
(Digital komprimiertes 5er Einmal Eins. P=9)

6, 3, 9
(Digital komprimiertes 6er Einmal Eins. P=3)

7, 5, 3, 1, 8, 6, 4, 2, 9
(Digital komprimiertes 7er Einmal Eins. P=9)

8, 7, 6, 5, 4, 3, 2, 1, 9
(Digital komprimiertes 8er Einmal Eins. P=9)

9, 9, 9
(Digital komprimiertes 9er Einmal Eins. P=1)

12:24:60
(Zeit Code der Fibonacci Sequenz)

ANHANG

Hier hielt Jain einen Vortrag in Noosa Heads, Queensland, 2009. Er war Gastsprecher und brachte seinem Publikum von 100 Menschen bei, in ihr Herz zu atmen, sprich die Earthheart Meditation. Beachte das Rad aus 24 Zahlen, den Phi Code Zahlen, die 12 Paare der 9, die in Ihrer Summe 108 ergeben.

Mein Dank gebührt auch Aurelien Floret, der die graphische Arbeit für dieses Buch erschuf. Das obige Bild heißt „Hyperwürfel“ und wurde von Aurelien entworfen. Wenn Du mehrere seiner Kunstwerke ansehen willst, in seiner „Gallery 108“ besuche seine Webseite: www.luminaya.com

THE END

DIE KUNST DER ZAHLEN

Die Übersetzung von Zahlen in Bilder und Heilige Symbole

- Dieses Buch ist die Essenz aller 15 Bücher, die bisher von Jain verfasst worden sind. Es ist eine Arbeit, die den mathematischen Ursprung oder die Herkunft Heiliger Symbole, wie die der Spirale des Goldenen Schnitts (das Horn von Ram), die des VW - Symbols, des Pentagramms, des Davidssterns, Salomons Siegel, der Magischen Quadrate und vieler mehr, erforscht.

- Dieses Buch zielt hauptsächlich darauf die Mathematik in Bilder oder kraftvolle Kunst zu verwandeln, die als Feminine, „Rechtshirn-Mathematik" verstanden werden kann. Es ist als ob der Leser Röntgenbrillen aufgesetzt bekommt, um Zahlen als Formen wahrzunehmen: Die Universelle Sprache der Mustererkennung.

- Jain erforscht Sequenzen, wie zum Beispiel die Fibonacci-Reihe und die binäre Sequenz und verwandelt sie auf magische Art und Weise in erlesene Kunst.

- Einige der Zahlenreihen, die aus der bekannten Multiplikationstabelle entnommen wurden, werden durch Digitale Reduktion oder Kompression zu einstelligen Ziffern reduziert (Quersummen) und somit vereinfacht dargestellt. Sie offenbaren eine verborgene atomare Kunst.

- Dieses Buch ist eine seltene Sammlung der schönsten existierenden Muster, und wurde noch niemals zuvor in solch einer verständnisvollen und visuell besonderen Art und Weise zusammengestellt.

- Hervorragend geeignet für Jugendliche Schüler, die ihre Zahlen-Liebe fördern wollen, aber auch für Erwachsene, die gewillt sind, noch einmal zu lernen.

- Jain ist überzeugt, dass genau die Schüler, denen Mathematik schwer fällt, einen besseren Zugang zu ihr finden, wenn sie zunächst diese mathematischen Muster studieren, bevor sie sich der geforderten Algebra und Trigonometrie widmen.Sie würden das Leben mit anderen Augen wahrnehmen und die Schönheit der Mathematik erkennen.

- „Wenn ich diesen Planeten verlassen müsste und nur ein Geschenk des Wissens hinterlassen dürfte, welches mir den Dienst erweisen würde, in Erinnerung zu bleiben, Juwelen des Wissen teilend, dann wäre es ohne Zweifel dieses Kompendium. Ich bin voller Begeisterung, diese verborgenen Edelsteine im spannenden Jahr 2012 zu veröffentlichen, einer Zeit in der viele geheime und esoterische Lehren immer mehr ans Licht kommen. Ich bin mir sicher, dass diese einfachen mathematischen Codes, himmlische Protokolle sind und ein wichtiger Teil unseres Aufstiegsprozess ." Zitat Jain

jain108.com Veröffentlicht 2018

Printed in Dunstable, United Kingdom

91342626R00109